Der neue Eisenbahnführer Deutschland

Josef und Stefan Högemann

Norddeutschland

GeraMond

Inhalt

SCHLESWIG-HOLSTEIN FREIE HANSESTADT HAMBURG

Eine Regionalbahn nach Lübeck trifft 8. Juni 2013 in Bad Schwartau ein. Das ehemalige Stellwerksgebäude befindet sich in Privatbesitz und wurde mustergültig restauriert.

Die Ziffern vor der jeweiligen Strecke bezeichnen die Kursbuchstrecken-Nummern.

Der Hinterlandverkehr der Nordseehäfen führt zu einer hohen Auslastung der wichtigen Nord-Süd-Magistralen Niedersachsens. Am 8. März 2011 begegnet uns bei Hagen (Han) einer der zahlreichen zwischen Bremerhaven und Hannover verkehrenden Containerzüge.

NIEDERSACHSEN HANSESTADT BREMEN

Die Ziffern vor der jeweiligen Strecke bezeichnen die Kursbuchstrecken-Nummern.

Öffentlicher Personennahverkehr für Touristen mit historischem LVT (Zirtow, Mai 2013).

Die Ziffern vor der jeweiligen Strecke bezeichnen die Kursbuchstrecken-Nummern.

MECKLENBURG-VORPOMMERN

Für einen kurzen Augenblick sorgt am 4. Mai 2013 eine Regionalbahn der Ostseeland Verkehr GmbH für ein wenig Leben im ansonsten verwaisten Bahnhof Strasburg (Uckerm).

Die Ziffern vor der jeweiligen Strecke bezeichnen die Kursbuchstrecken-Nummern.

Lok 10 der Nord-Ostsee-Bahn überquert am 4. Mai 2013 mit dem Regionalzug nach Westerland einen kleinen Wasserlauf bei Bargum.

SCHLESWIG HOLSTEIN
FREIE HANSESTADT HAMBURG

Der Schleswig-Holstein-Express rollt durch den Bahnhof Brokstedt zwischen Neumünster und Elmshorn.

HAMBURG-ALTONA–ELMSHORN–KIEL HBF

AUF EINEN BLICK

Kursbuchstrecke 103/131

Anbieter DB, NOB

Fahrzeuge 101, 112, 648, 145, 152, 185, 189, 401, 402, LINT 41, DE 2700, Eurorunner, D 20

Streckenlänge 106 km

Highlights Kopfbahnhof Kiel mit moderner Bahnhofshalle

Die Strecke wurde am 18. September 1844, dem Geburtstag des dänischen Königs Christians VIII, nach nur anderthalbjähriger Bauzeit eröffnet. Dem Monarchen zu Ehren erhielt die Bahn den Namen „König-Christian-VIII.-Ostseebahn". Die Bahnlinie war vorrangig für den Fernverkehr zwischen Kopenhagen und Hamburg bestimmt und erhielt schon ein Jahr später zwei wichtige Zweiglinien von Elmshorn zum Hafen Glückstadt an der Unterelbe und von Neumünster nach Rendsburg.

Am 24. September 1995 erfolgte die Umstellung der zweigleisigen Hauptbahn auf elektrischen Betrieb. Somit konnte Kiel nun auch in den ICE-Verkehr eingebunden werden. Besonders dicht mit Reise- und Güterzügen belegt ist der Streckenabschnitt Hamburg-Eidelstedt–Neumünster, wobei im Skandinavien-Verkehr seit dem 9. Dezember 2012 Güterzuglängen von bis zu 835 m möglich sind. Neben dem Güterverkehr und den ICE/IC-Fernzügen besteht auf der Gesamtstrecke ein dichtes Regionalzugangebot mit Doppelstockzügen der Deutschen Bahn. Hinzu kommen zwischen Hamburg Altona und Itzehoe zahlreiche Züge des Nah- und Fernverkehrs der Marschbahn nach Westerland.

Von Hamburg-Altona bis Elmshorn führt die Strecke durch relativ dicht besiedeltes Gebiet ohne besondere landschaftliche Höhepunkte. Dafür ist die Zugfrequenz hier besonders hoch, da die zweigleisige Strecke in diesem Bereich auch noch den gesamten Verkehr der Marschbahn aufnehmen muss. In weiteren Verlauf führt die Strecke durch eine abwechslungsreiche Landschaft aus Wiesen, Äckern und Feldern, wobei vielfach dichter Bewuchs die Bahn begleitet. Den landschaftlich schönsten Teil der Hauptbahn findet man nördlich von Neumünster rund um Bordesholm. Mehrere Bahnhöfe verloren im Zuge der Elektrifizierung einen Teil ihrer Nebengleise bzw. wurden zu Haltepunkten.

HAMBURG HBF–LÜBECK HBF–LÜBECK-TRAVEMÜNDE STRAND

Die Hansestadt Lübeck war zunächst über Büchen mit der Berlin-Hamburger Bahn verbunden, bevor die Lübeck-Büchener Eisenbahn (LBE) im August 1865 die Direktverbindung von Lübeck über Bad Oldesloe nach Hamburg eröffnete. Der Bahnverkehr entwickelte sich außerordentlich gut, so dass schon in den Jahren 1875/76 ein zweites Gleis verlegt werden musste. Am 1. Januar 1938 wurde die Lübeck-Büchener Eisenbahn verstaatlicht und in das Netz der Deutschen Reichsbahn (DRG) eingegliedert, die bereits seit Anfang der 1930er-Jahre Hauptaktionär der LBE war.

Die eingleisige Strecke nach Travemünde Hafen wurde 1882 eröffnet und 1898 bis Travemünde Strand verlängert. 1911 erforderte der starke Ausflugsverkehr zum

Ein Regionalexpress nach Lübeck verlässt den Hamburger Hauptbahnhof mit seiner markanten Bahnhofshalle. Rechts die S-Bahn nach Ohlsdorf.

AUF EINEN BLICK

Kursbuchstrecke 104/140

Anbieter DB, DSB

Fahrzeuge , 112, 143, 145, 152, 185, 189, 232, 401, 402, 605, DSB MF

Streckenlänge 63 km

Highlights Hauptbahnhöfe Hamburg und Lübeck mit Bahnhofshallen, Scandinavienkai

Strandbad einen neuen zeitgemäßen Bahnhof, der im Jugendstil erbaut wurde und einen vom Badestrand aus sichtbaren Uhrenturm erhielt. Noch heute zeigt er den Reisenden auf großen Anzeigetafeln die nächste Zugfahrt nach Lübeck Hauptbahnhof an.

Auf der durchgehend elektrifizierten Strecke verkehren Regionalexpresszüge der Regionalbahn Schleswig-Holstein im Stundentakt. Die wenigen verbliebenen Fernreisezüge zwischen Hamburg, Lübeck und Kopenhagen werden seit Dezember 2007 mit dieselbetriebenen Intercity-Express-Zügen der DB (Baureihe 605) sowie EuroCity-Zügen der Danske Statsbaner (DSB-MF) gefahren. Der Güterverkehr ist mit Einstellung des Fährverkehrs über Puttgarden erheblich zurückgegangen und beschränkt sich heute vorwiegend auf den kombinierten Verkehr ab Lübeck-Skandinavienkai.

Die Eisenbahnlinie Hamburg–Lübeck–Travemünde führt in weiten Teilen durch landwirtschaftlich geprägte Regionen. Für den Eisenbahnfreund interessant sind der Innenstadtbereich von Hamburg mit dem Hauptbahnhof und dem angrenzenden Streckenabschnitt bis Hamburg-Wandsbeck sowie der Bereich um den Lübecker Hauptbahnhof mit der Bahnhofshalle. Lohnenswert ist ferner ein Besuch des Lübecker Skandinavienkais. Auf freier Strecke sorgt vielerorts starker Bewuchs entlang der Bahntrasse für Verdruss – ein Problem, das fast alle Strecken der Deutschen Bahn in Schleswig-Holstein betrifft.

AUF EINEN BLICK

Kursbuchstrecke 130

Anbieter DB, NordOstsee-Bahn

Fahrzeuge 218, 294, 295, LINT 41, DE 2700, Eurorunner, D 20

Streckenlänge 238 km

Highlights Hochbrücke bei Hochdonn, Eiderbrücke bei Friedrichstadt, Klappbrücke in Husum, Hindenburgdamm zwischen dem Festland und der Insel Sylt

(HAMBURG-ALTONA–) ELMSHORN–WESTERLAND

MARSCHBAHN

Die Marschbahn gehört zu den letzten überregionalen und weitgehend zweigleisigen Hauptbahnen Norddeutschlands, die noch größtenteils ohne elektrische Fahrleitung sind. Sie zweigt in Elmshorn von der Bahnstrecke Hamburg-Altona–Kiel ab und führt über Glückstadt, Itzehoe und die Hochbrücke Hochdonn (Nord-Ostsee-Kanal) auf die Dithmarscher Geest. Der weitere Verlauf ist durch feuchtes Marschland im Küstenbereich von Schleswig-Holstein geprägt. Über Heide (Holstein), Husum und Niebüll erreicht die Bahn den Hindenburgdamm und schließlich die Insel Sylt mit der Endstation Westerland. Vor der Fertigstellung des Hindenburgdamms lief der Sylt-Verkehr über Niebüll hinaus zum Fährhafen Hoyerschleuse (heute Dänemark). Dieser ursprünglich nördliche Teil der Marschbahn verlor mit der festen Anbindung der Insel seinen gesamten Fernverkehr und wurde später sogar zeitweise überhaupt nicht mehr planmäßig befahren.

Das wohl bekannteste Bauwerk der Strecke ist die Hochbrücke über den Nord-Ostsee-Kanal bei Hochdonn. Sie wurde 1920 als Ersatz für eine Drehbrücke in Taterpfahl bei Eddelak eröffnet und erforderte eine Neutrassierung der Marschbahn zwischen Wilster und St. Michelisdonn. Das 42 m hohe und schon von weitem sichtbare Bauwerk hat eine Länge von 2218 m. Zwei weitere interessante Brücken

Der Autoshuttle nach Westerland hat den Hindenburgdamm überquert und erreicht die Insel Sylt.

findet man südlich von Friedrichstadt an der Eider sowie in Husum. Während in Husum die Mühlenau auf einer Klapprücke überquert wird, kam man bei Friedrichstadt noch eine inzwischen modernisierte Drehbrücke aus dem Jahr 1887 in Funktion erleben. Die filigrane Konstruktion hat eine Gesamtlänge von 415 m bei einer Durchfahrtshöhe von 3,75 m. Der drehbare Teil ist 56,6 m lang. Über den Hindenburgdamm zwischen den Bahnhöfen Klanxbüll und Morsum führt die zweigleisige Strecke seit 1927 auf die Insel Sylt. Auf dem Damm befand sich früher die Blockstelle Hindenburgdamm, deren Personal bei Schichtwechsel von planmäßigen Zügen abgesetzt bzw. aufgenommen wurde. 1996 ersetzte automatischer Streckenblock die mit Formsignalen versehene Zugfolgestelle. Formsignale findet man übrigens noch heute in mehreren Bahnhöfen im nördlichen Bereich der Hauptbahn.

Im Fernverkehr ist weiterhin die Deutsche Bahn mit Intercity-Zügen aktiv, die mit Lokomotiven der Baureihe 218 in Doppeltraktion bespannt sind. In den Monaten von April bis Oktober werden in Niebüll nach wie vor Kurswagen nach Dagebüll eingestellt bzw. ausgesetzt. Des Weiteren betreibt die Deutsche Bahn den Autoshuttle zwischen Niebüll und Westerland, wo ebenfalls Lokomotiven der Baureihe 218 zum Einsatz kommen. Den Regionalverkehr hingegen versieht seit 2005 die Nord-Ostsee-Bahn (NOB). Güterverkehr besteht schwerpunktmäßig noch im südlichen Bereich der Marschbahn. Über die in St. Michaelisdonn und Wilster anschließenden Nebenbahnen nach Brunsbüttel werden vor allem Chemikalien und Steinkohle in Richtung Hamburg sowie Kiel befördert. In Hemmingstedt bei Heide sorgt eine Erdölraffinerie für Frachtaufkommen. Ferner wird das Zementwerk in Lägerdorf bei Itzehoe regelmäßig über die Schiene bedient. Der Güterverkehr nach Norden bis auf die Insel Sylt ist dagegen vergleichsweise schwach.

Ein Güterzug in Richtung Hamburg überquert die Hochbrücke in Rendsburg. Darunter die städtischen Hafenanlagen am Nord-Ostsee-Kanal.

NEUMÜNSTER–FLENSBURG–PADBORG

Die zweigleisige elektrifizierte Hauptbahn führt durch landwirtschaftlich geprägtes Flachland ohne besondere landschaftliche Höhepunkte. Die Betriebsaufnahme erfolgte schrittweise. 1845 ging die Strecke von Neumünster bis Rendsburg-Glacis (Jütlandlinie) in Betrieb, zwei Jahre später war Rendsburg-Obereider erreicht. 1854 wurde durch dänische Einflussnahme eine Eisenbahn von Flensburg über Husum nach Tönning eröffnet, die in Ohrstedt einen Abzweig über Owschlag nach Rendsburg erhielt. Somit bestand eine durchgehende Verbindung zwischen Neumünster und Flensburg und weiter bis in die Mitte Dänemarks. Nach dem Preußisch-Dänischen Krieg fiel der der dänische Landesteil Schleswig an Preußen und es entstand 1869 die heutige, 23 Kilometer lange und somit 17 Kilometer kürzere, Verbindung von Owschlag über Schleswig und Jübek nach Eggebek. Die alte Trasse über Ohrstedt wurde daraufhin stillgelegt und die Gleise werden bald darauf abgebaut.

Der Bau des Nord-Ostsee-Kanals erforderte in Rendsburg den Bau einer Drehbrücke, die später durch die Hochbrücke ersetzt wurde. Das markante stählerne Bauwerk mit seinen langen Rampen ging am 1. Dezember 1913 in Betrieb. Die alte Drehbrücke fand in Kappeln (Schlei) eine neue Verwendung. In Flensburg umfährt die Strecke seit 1927 die Stadt in einer großen Schleife, die aus dem Kopfbahnhof Flensburg einen Durchgangsbahnhof werden ließ. Fernzügen nach Dänemark blieb nun das Wenden

AUF EINEN BLICK

Kursbuchstrecke 131

Anbieter DB

Fahrzeuge 112, 185, 189, 294, 295, 401, 402, 648

Streckenlänge 107 km

Highlights Rendsburger Hochbrücke, Flensburger Schleife

erspart und auch der Güterverkehr wurde wesentlich vereinfacht.

Auf der Strecke herrscht reger Verkehr. Neben mehreren Fernreisezügen der Deutschen Bahn, die teilweise bis Aarhus in Dänemark fahren, besteht im Wechsel ein stündlicher Regionalverkehr mit Regionalexpresszügen und Regionalbahnen. Hinzu kommt zwischen Rendsburg und Jübeck stündlicher Regionalverkehr der Strecke Husum–Kiel. Für den Güterverkehr ist die Strecke ein wichtiges Bindeglied zwischen Deutschland, Dänemark und Schweden. Seit dem Fahrplanwechsel im Dezember 2012 sind Güterzüge mit einer Länge von bis zu 835 Meter erlaubt. Sie sind ebenso wie die weniger langen Güterzüge zumeist mit der Baureihe 185 bespannt.

NEUMÜNSTER–HEIDE (HOLSTEIN)–BÜSUM

Die Strecke besteht aus zwei Teilabschnitten, die historisch gesehen nicht zueinander gehören. Der ältere Teil war die 1877 von der Westholsteinischen Eisenbahn Gesellschaft eröffnete Nebenbahn Neumünster–Heide (–Karolinenkoog), während die von der Wesselburen-Heider Eisenbahn Gesellschaft gebaute Verbindung Heide–Büsum erst 1883 in Betrieb ging. 1890 kam es zur Verstaatlichung beider Stre-

Die Regionalbahn aus Neumünster trifft in Hohenwestedt ein. Hier besteht die einzige Kreuzungsmöglichkeit auf der 62 km langen Teilstrecke Neumünster–Heide.

AUF EINEN BLICK

ohne Kursbuchnummer (früher 132)

Anbieter nordbahn Eisenbahngesellschaft mbH & Co

Fahrzeuge LINT 41

Streckenlänge 87 km

Highlights Grünentaler Hochbrücke

cken. Der Verkehr zwischen Heide und Karolinenkoog wurde ab 1940 schrittweise aufgegeben, so dass sich die neue Verkehrsachse Neumünster–Heide–Büsum herausbildete, die heute mit modernen LINT 41-Triebwagen der nordbahn Eisenbahngesellschaft mbH & Co befahren wird. Während zwischen Heide und Büsum Stundentakt angeboten wird, fährt zwischen Neumünster und Heide unter anderem mangels Kreuzungsmöglichkeiten nur alle zwei Stunden je Richtung ein Zug. Lange Zeit war vor allem der östliche Teil der Strecke von Stilllegung bedroht, doch gelang es unter anderem durch ein verändertes Verkehrskonzept und Modernisierung dieses zu verhindern. Der schwache Güterverkehr hingegen wurde eingestellt.

Die Bahnstrecke führt im mittelholsteinischen Teil durch eine abschnittsweise leicht hügelige Landschaft aus Wiesen und Feldern und erreicht hinter Albersdorf flaches Marschland. Während die günstigen Geländeverhältnisse keine nennenswerten Ingenieurbauten notwendig machten, erforderte der Bau des Nord-Ostsee-Kanals bei Grünental eine kostspielige kombinierte Schiene-Straße-Brücke, die Ende der 1980er-Jahre durch einen Neubau ersetzt wurde. Nunmehr führen Bahn und Straße nicht mehr wie früher auf gemeinsamer Trasse über den Kanal, sondern nebeneinander.

HUSUM–KIEL

AUF EINEN BLICK

Kursbuchstrecke 134

Anbieter DB

Fahrzeuge 648

Streckenlänge 101 km

Highlights Rendsburger Hochbrücke, Kopfbahnhof Kiel

Die in Ost-West-Richtung führende Bahnlinie verbindet die Städte Husum und Rendsburg mit der Landeshauptstadt Kiel. Historisch gesehen, bildet sie keine Einheit und besteht aus drei unterschiedlichen Teilstrecken, darunter im Abschnitt Jübek–Rendsburg die zweigleisige, elektrifizierte Hauptbahn Neumünster–Flensburg. Der Abschnitt Husum–Jübek besteht in der heutigen Trassenführung erst seit 1869, zuvor teilte sich die Strecke östlich von Ohrstedt in jeweils einen Ast nach Eggebek und Owschlag über Klosterburg. Wesentlich später gebaut wurde der heute als Hauptbahn betriebene Streckenabschnitt Osterrönfeld–Kiel, der erst 1904 in Betrieb ging.

Die bereits seit den 1920er-Jahren von Eilzügen befahrene Strecke wird heute mit modernen DB-Regio-Triebwagen von Typ LINT 41 im Stundentakt befahren und kommt im Bereich der eingleisigen Abschnitte ohne Kreuzungsbahnhöfe aus. Die Fahrzeit zwischen Husum und Kiel beträgt rund 80 Minuten, wobei in den Zwischenbahnhöfen Jübek, Schleswig, Owschlag, Rendsburg und Felde jeweils planmäßig gehalten wird. Ab 2014 sollen zusätzliche Regionalbahnen verkehren, neue Kreuzungsbahnhöfe entstehen und längst aufgelassene Haltepunkte reaktiviert werden. Im Güterverkehr wird sporadisch noch ein Anschluss der Bundeswehr bei Ohrstedt bedient. Regelmäßigen Güterverkehr gibt es auch noch in Kiel-Hassee zur Firma Fuchs-Schmierstoffe.

Landschaftlich kann die Strecke mit Besonderheiten nicht aufwarten. Sie führt fast ausnahmslos durch eine Landschaft aus Wiesen und Feldern ohne größere Waldgebiete. Unterwegsbahnhöfe gibt es im Bereich der eingleisigen Ab-

schnitte mit Ausnahme der Asweichstelle Ohrstedt und dem Betriebsbahnhof Kiel-Hassee nicht mehr. Sehenswert ist die Hochbrücke über den Nord-Ostseekanal in Rendsburg im Verlauf der Hauptbahn Neumünster–Kiel, die auch von den zwischen Husum und Kiel verkehrenden Zügen befahren wird.

Regionalexpress aus Kiel bei der Einfahrt in den Bahnhof Husum.

HUSUM–BAD ST. PETER ORDING

Der Streckenabschnitt Husum–Tönning war einst Teilstück einer Bahnverbindung von Flensburg nach Tönning, die bereits 1854 in Betrieb ging und somit zu den ältesten Eisenbahnlinien in Schleswig-Holstein zählt. Der Bahnhof Tönning wurde nahe an der Eider errichtet und spielte u.a. für die Einfuhr englischer Kohle eine Rolle. Außerdem bestand hier ab 1878 die Möglichkeit, mittels einer Fähre nach Karolinenkoog überzusetzen und dort die Eisenbahnlinie über Heide nach Hamburg zu erreichen. Der Weiterbau der Strecke nach St. Peter-Ording erfolgte 1892 zunächst bis Garding, wobei Tönning zu einem Kopfbahnhof wurde. Erst 1932 war St. Peter-Ording erreicht.

AUF EINEN BLICK

Kursbuchstrecke 135
Anbieter DB
Fahrzeuge 648
Streckenlänge 44 km

Regionalbahn aus Husum kurz nach der Ankunft im Kopfbahnhof Tönning, dem einzigen Unterwegsbahnhof zwischen Husum und St. Peter-Ording.

Ab den 1960er-Jahren verlor die Bahn an Bedeutung. Schrittweise wurde der Güterverkehr eingestellt und das Reisezugangebot reduziert. Schließlich stand die Gesamtstillegung der Nebenbahn zur Diskussion, die sich jedoch nicht durchsetzen ließ. Heute nutzen in den Sommermonaten täglich etwa 3.000 Reisende die im Stundentakt verkehrenden Regionalbahnen von DB Regio, während in den Wintermonaten deutlich weniger Fahrgäste in den Zügen anzutreffen sind. Diese Tatsache unterstreicht die Bedeutung der Bahn für den Tourismus der Region rund um das Nordseebad Bad St. Peter-Ording. Güterverkehr besteht hingegen nicht mehr.

Die eingleisige Nebenbahn führt durch weites Marschland mit beschaulichen Orten, alten Kirchen und einsam gelegenen Gehöften. Die Schönheit dieser Region erkennt man oft erst auf den zweiten Blick.

NIEBÜLL–DAGEBÜLL

Wer die Nordseeinseln Anrum und Föhr per Bahn erreichen möchte, muss in Niebüll in die Züge der Norddeutschen Eisenbahngesellschaft umsteigen, um den Schiffanleger an der Dagebüller Mole zu erreichen. In den Sommermonaten bestehen auch durchgehende Kurswagenverbindungen.

Die Nebenbahn Niebüll–Dagebüll ging 1895 zunächst als Meterspurstrecke in Betrieb. Als jedoch in den 1920er-Jahren der Bau des Hindenburgdammes zur Insel Sylt konkret wurde, erfolgte der Umbau in Regelspur. Zu groß war die Gefahr, dass die Feriengäste wegen der unzureichenden Bahnanbindung ihren Urlaub zukünftig auf der Insel Sylt verbringen könnten. Am 1. Mai 1926 war die Umspurung auf Regelspur vollendet. Seit 2004 führt die Norddeutsche Eisenbahngesellschaft Niebüll GmbH (NEG) den Betrieb, zwei Jahre später erfolgte eine grundlegende Sanierung der Nebenbahn. Mit der nunmehr auf Teilstrecken zugelassenen Höchstgeschwindigkeit von 80 km/h sind die Züge sechs Minuten schneller

AUF EINEN BLICK

Kursbuchstrecke 136

Anbieter Norddeutsche Eisenbahn-Gesellschaft

Fahrzeuge ÖBB-BR 5047, 628, Umbau aus DB-BR 211, Umbau aus DR-BR 114, MaK G 1206

Streckenlänge 14 km

Highlights Bahnhof Niebüll, Bahnhof Dagebüll Mole

Blick auf den Bahnhof Dagebüll Mole. Im Hintergrund warten die Fährschiffe zu den Inseln Amrum und Föhr.

als zuvor. Dadurch wurde es möglich, den Stundentakt einzuführen.

Die Strecke führt durch ebenes Marschland mit einigen schönen Motiven auf freier Strecke. Sehenswert ist neben dem noch mit Formsignalen ausgestatteten Bahnhof Niebüll die Schiffsanlegestelle in Dagebüll Mole, wo Bahn und Schiff gemeinsam fotografiert werden können. Ein Teil der Züge führt Kurswagen aus dem IC-Verkehr Hamburg–Westerland, die im Niebüller Bahnhof jeweils mit einer umständlichen Rangierfahrt auf die Nebenbahn umgestellt werden müssen. Bespannt sind diese Kurswagenzüge mit Diesellokomotiven und Triebwagen. In den Sommermonaten kommen zur touristischen Attraktivitätssteigerung an den Wochenenden teilweise auch Dampflokomotiven oder historische Diesellokomotiven zum Einsatz.

Regionalbahn in typischer Marschlandschaft bei Süderlügum.

NIEBÜLL–TØNDER (–ESBJERG)

Die 1887 eröffnete Strecke Niebüll–Tønder (Dänemark) ist der nördliche Teil der Marschbahn, die vor allem für den Verkehr zwischen Hamburg und der Insel Sylt von Bedeutung ist. In Tønder bestand früher Anschluss nach Tingleff und Hoyerschleuse sowie ins dänische Eisenbahnnetz in Richtung Esbjerg. Mit dem Bau des Hindenburgdamms zur Insel Sylt verlor die Strecke Niebüll–Tønder (-Hoyerschleuse) ab Ende der 1920er-Jahre an Bedeutung, nachdem der Schnellzugverkehr aus Hamburg sich nunmehr auf den neuen Bahnhof Westerland konzentrierte. Es erfolgte die Umwandlung in eine Nebenbahn mit nur noch schwachem Personen- und Güterverkehr. 1981 gab die Deutsche Bundesbahn den grenzüberschreitenden Personenverkehr auf, es verblieb bis auf weiteres lediglich die Bedienung des Bahnhofs Süderlügum im Güterverkehr.

Im Jahr 2000 erfolgte die Reaktivierung des Personenverkehrs zwischen Niebüll und Tønder mit zunächst nur wenigen Sonderzügen, bevor am 6. April 2003 die Nord-Ostsee-Bahn den ganzjährigen Betrieb auf der grenzüberschreitenden Strecke Niebüll-Tønder aufnahm. Seitdem fahren auf der 18 km langen Strecke täglich bis zu zehn Zugpaare mit Fahrzeugen der Norddeutschen Eisenbahn-Gesellschaft (NEG) sowie Arriva Denmark.

AUF EINEN BLICK

ohne Kursbuchnummer (früher Kursbuchstrecke 136.1)

Anbieter Arriva Denmark

Fahrzeuge NE 81, ÖBB-BR 5047, LINT 41

Streckenlänge 15 km

(HAMBURG-ALTONA–) HAMBURG-EIDELSTEDT–KALTENKIRCHEN–NEUMÜNSTER

Die erste Teilstrecke Altona–Kaltenkirchen wurde im September 1884 für den Personenverkehr eröffnet, der Güterverkehr folgte einige Wochen später. Der Weiterbau bis Neumünster ließ noch viele Jahre auf sich warten. Erst im August 1916 konnte auch hier der Bahnbetrieb aufgenommen werden.

Auf der von der Altona-Kaltenkirchner Eisenbahn-Gesellschaft betriebenen Nebenbahn dominierte durch die Nähe zur Großstadt Hamburg stets der Personenverkehr. Anfang der 1970er-Jahre gab es Überlegungen, Teile der AKN-Strecke stillzulegen, doch man entschied sich für eine Modernisierung. Die Gleisanlagen wurden saniert, Bahnsteige erneuert und ein neues Stellwerk in Betrieb genommen. Zwischen 1997 und 2001 erfolgte zwischen Ulzburg Süd und Kaltenkirchen Süd der zweigleisige Ausbau mit teilweiser Neutrassierung. Das Ortszentrum von Ulzburg wird seither in einem 630 Meter langen Tunnel unterfahren. Weitere Ausbaumaßnahmen folgten.

Zwischen Hamburg-Eidelstedt und Kaltenkirchen besteht wochentags zwischen 5 und 23 Uhr und am Sonnabend zwischen 7 und 21 Uhr ein Angebot im 20-Minutentakt. In den Hauptverkehrszeiten verkehren die Züge sogar alle 10 Minuten. In den Tagesrandlagen und am

AUF EINEN BLICK

ohne Kursbuchnummer (früher Kursbuchstrecke 137)

Anbieter AKN

Fahrzeuge LHB-VTE/VTA, LINT 41, 295

Streckenlänge 75 km

Highlight Wald- und Moorbahn Bad Bramstedt (600 mm)

Die Stammstrecke der AKN verbindet Hamburg mit Neumünster über Kaltenkirchen. Ein LHB-Triebwagen aus Neumünster erreicht im Frühsommer 2013 den Bahnhof Boostedt.

Sonntag hingegen wird ein 40-Minuten-Takt angeboten. Im nördlichen Bereich zwischen Kaltenkirchen und Neumünster besteht in wesentlichen ein stündliches Verkehrsangebot. Den heute nur noch geringen Güterverkehr versieht seit 2008 DB Schenker Rail Deutschland.

Während im südlichen Bereich der Strecke eine recht dichte Besiedlung vorherrscht, ist der Nordteil der Bahn ausgesprochen ländlich mit einigen schönen Fotomotiven. Wer jedoch Nahverkehr moderner Prägung erleben will, der kommt vor allem um Henstedt-Ulzburg auf seine Kosten.

AUF EINEN BLICK

ohne Kursbuchnummer (früher Kursbuchstrecke 138)

Anbieter AKN

Fahrzeuge LHB-VTE/VTA, LINT 41

Streckenlänge 12 km

ULZBURG SÜD–NORDERSTEDT MITTE
ALSTERNORDBAHN

Die Alsternordbahn (ANB) verband ursprünglich die Bahnhöfe Ochsenzoll in Hamburg-Langenhorn und Ulzburg Süd im Kreis Segeberg. Geplant war sie zunächst als straßenbahnähnliche Verbindung, wurde jedoch schließlich als normalspurige Kleinbahn errichtet und 1953 in Betrieb genommen. Sie war die erste neu gebaute Eisenbahnstrecke nach dem Zweiten Weltkrieg in Deutschland mit Personen- und ab 1971 auch mit Güterverkehr.

Mit dem schrittweisen Ausbau der Hamburger-U-Bahnlinie 1 bis Norderstedt Mitte wurde die Strecke verkürzt und zwischen 1992 und 1996 weitgehend zweigleisig ausgebaut, wobei auch das seit 1973 zwischen Ulzburg Süd und Friedrichsgabe parallel liegende Stammgleis der Norderstedter Industriebahn (NIB) in den Umbau mit einbezogen wurde. Die Züge verkehren auf der in ihrem Nordteil recht waldreichen Strecke täglich zwischen 5 Uhr in der Frühe bis 1 Uhr am Folgetag in einem Grundtakt von 20 Minuten, der lediglich nach 23 Uhr sowie sonntags auf 40 Minuten reduziert wird. Während der Hauptverkehrszeiten an Arbeitstagen besteht sogar ein 10-Minuten-Takt. Den Güterverkehr ins Industriegebiet Norderstedt versehen Lokomotiven von DB Schenker Rail Deutschland.

Die Alternordbahn ist bis auf zwei kurze Teilstrecken zweigleisig. Eine Regionalbahn aus Ulzburg Süd erreicht den Haltepunkt Hasslohfurth.

AUF EINEN BLICK

ohne Kursbuchnummer (früher Kursbuchstrecke 139)

Anbieter AKN

Fahrzeuge LHB-VTE/VTA, LINT 41

Streckenlänge 25 km

ELMSHORN–HENSTEDT-ULZBURG

Die Strecke ist der verbliebene Rest der früheren Elmshorn-Barmstedt-Oldesloer Eisenbahn (EBOE), die 1904 durchgehend in Betrieb genommen wurde. Sie erschloss eine dünn besiedelte landwirtschaftlich geprägte Region und war im Personenverkehr lediglich im Bereich Elmshorn–Barmstedt rentabel. Im Güterverkehr hingegen war die Strecke auch in ihrem Ostteil recht gut ausgelastet, zumal zeitweise ein nennenswerter Durchgangsverkehr bestand. 1973 entfiel der Schienenpersonenverkehr zwischen Barmstedt und Bad Oldesloe und abschnittsweise auch der Güterverkehr, bevor Ende 1981 der Streckenschnitt Ulzburg–Blumendorf vollständig aufgegeben und die Bahntrasse in diesem Bereich später zu einem Radweg wurde.

1981 übernahm die AKN Eisenbahn AG die Betriebsführung, die den noch befahrbaren Abschnitt zwischen Barmstedt nach Ulzburg in unregelmäßigen Abständen zur Überführung von Triebwagen nutzte. Nach gründlicher Streckensanierung wurde 1992 der Reisezugverkehr mit einigen Zugpaaren wieder aufgenommen. Heute fahren die Züge im Stundentakt. Güterverkehr besteht auf der landschaftlich teilweise recht schönen Strecke hingegen nicht mehr.

Moderner Nahverkehr der AKN in Ulzburg Süd.

LÜBECK HBF–NEUSTADT (HOLST)–PUTTGARDEN

Was wäre die Insel Fehmarn ohne den „Kleiderbügel"? Die kombinierte Straßen- und Eisenbahnbrücke, die die Insel Fehmarn in der Ostsee mit dem Festland bei Großenbrode verbindet, überquert den Fehmarnsund.

Bis 1937 wurde zwischen den dänischen Inseln Seeland und Falster eine feste Querung des Storstrømsbroen für den Straßen- und Eisenbahnverkehr als Teil einer geplanten Direktverbindung Hamburg–Scandinavien (Vogelfluglinie) geschaffen. In einem zweiten Schritt sollte nach der Besetzung Dänemarks im Jahr 1940 eine Brücke über den Fehmarnsund gebaut und eine leistungsfähige Fährverbindung zwischen Puttgarden und Rødbyhavn sowohl für den Eisenbahn- als auch für Autoverkehr eingerichtet werden. Doch die Kriegsereignisse verhinderten die Umsetzung dieser Pläne. Erst 1958 griff man das Vorhaben wieder auf und errichtete die Fehmarnsundbrücke, sowie Hafen- und Gleisanlagen in Puttgarden und Rødbyhavn für einen modernen Fährbetrieb. Ausgebaut wurde auch die Eisenbahnlinie zwischen Lübeck und Puttgarden.

Nachdem die „Vogelfluglinie" viele Jahre dem hochwertigen internationalen Reise- und Güterverkehr zwischen Deutschland und Skandinavien gedient hatte, verlor sie nach 1997 mit Inbetriebnahme der festen Querung des Großen Belts zwischen den dänischen Inseln Fünen und Seeland einen großen Teil des Zugverkehrs. Der Fährbetrieb mit Güterzügen kam sogar vollständig zum Erliegen. Dennoch lohnt auch heute noch ein Besuch der landschaftlich schönen Strecke mit ihren zahlreichen Betriebsbahnhöfen, die einst nötig waren, um den umfangreichen Verkehr über die eingleisige Strecke abwickeln zu können. Das wohl eindrucksvollste Bauwerk ist die imposante Brücke über den Fehmarnsund, die mit einer Gesamtlänge von 963 m und einer Bogenspannweite von 248 m zu den größten kombinierten Brückenbauwerken in Deutschland gehört. Sehenswert ist auch der Fährhafen in Puttgarden mit den großen Fährschiffen, die auch IC- und ICE-Triebwagen im internationalen Verkehr befördern.

AUF EINEN BLICK

Kursbuchstrecke 140

Anbieter DB

Fahrzeuge 218, 294, 295, 605, 628, 648, DSB-ME

Streckenlänge 90 km

AUF EINEN BLICK

Ohne Kursbuchnummer (frühere Kursbuchstrecke 142)

Anbieter nordbahn

Fahrzeuge LINT 41, 295; Lok priv. EVU

Streckenlänge 45 km

Den Regionalverkehr zwischen Neumünster und Bad Oldesloe versieht die Nordbahn. Auf tadelosem Gleis begegnet uns in Wakendorf ein Triebwagen vom Typ LINT 41f

NEUMÜNSTER–BAD OLDESLOE

Die 1875 durch die Altona-Kieler Eisenbahngesellschaft eröffnete Bahnlinie war bis 1945 zweigleisig und Teil einer Hauptbahn von Neumünster nach Hagenow Land in Mecklenburg. Sie hatte vor allem für den Güterverkehr Bedeutung, wurde aber auch von einigen Fernreisezügen befahren. Die geringe Bevölkerungsdichte im Nordteil der Bahn führte dazu, dass der Reisezugverkehr zwischen Neumünster und Bad Segeberg 1984 eingestellt wurde. Um im Bedarfsfall Güterzüge der Relation Flensburg–Neumünster–Hamburg über Bad Oldesloe umleiten zu können, wurde die Gesamtstrecke auch weiterhin betriebsfähig vorgehalten und zunächst auch noch abschnittsweise im Wagenladungsverkehr genutzt.

Nach einem vergeblichen Versuch der Deutschen Bundesbahn,

auch den restlichen Personenverkehr zwischen Bad Oldesloe und Bad Segeberg einzustellen, kam es ab 1989 zu Angebotsverbesserungen und 2002 zu einer Reaktivierung des Abschnitt Bad Segeberg–Neumünster. Den Reisezugverkehr versieht heute auf der teilweise sehr stark zugewachsenen Strecke die „Nordbahn" im Stundentakt. Die Fahrzeit beträgt etwa 45 Minuten, wobei an einigen Unterwegsstationen nur bei Bedarf gehalten wird. Im Güterverkehr werden noch Bad Segeberg und Wahlstedt (Industriegleis) bedient.

LÜNEBURG–LÜBECK HBF–KIEL HBF

AUF EINEN BLICK

Kursbuchstrecke 145
Anbieter DB
Fahrzeuge 628, 648, 294
Streckenlänge 160 km
Highlights Kopfbahnhöfe Kiel und Lübeck

Die landschaftlich sehr schöne Strecke führt in ihrem Nordteil durch die Endmoränenlandschaft der holsteinischen Schweiz mit malerisch gelegenen Seen, beschaulichen Orten und einigen größeren Waldgebieten. Diese Region zählt zu den bedeutendsten Urlaubsgebieten Norddeutschlands. Südlich von Lübeck hingegen verläuft die durchgehend eingleisige, nicht elektrifizierte Hauptbahn mitunter recht zugewachsen durch eine weitgehend von der Landwirtschaft geprägte Region. Aber auch hier findet man in der herben Landschaft Norddeutschlands durchaus einige schöne Fotomotive, vor allem in der Region um Mölln und Ratzeburg. Die Zahl der verbliebenen Bahnhöfe und Haltestellen ist nach Schließung unbedeutender Stationen recht überschaubar geworden. In fast allen Fällen hat man die Gleisanlagen bis auf das betrieblich Notwendige zurückgebaut. Dennoch wirken die meisten Bahnhöfe oft recht gepflegt.

Als erstes Teilstück wurde 1851 die Verbindung von Lübeck nach Büchen (Lübeck-Büchener Eisenbahn) mit Anschluss an die Berlin-Hamburger Bahn eröffnet. Eine Direktverbindung zwischen beiden Städten über damals dänisches Gebiet konnte nicht durchgesetzt werden. Noch 1851 wurde die Strecke von der Berlin-Hamburger Eisenbahn-Aktiengesellschaft (BHE) bis Lauenburg (Elbe) verlängert, wo ab 1864 über ein Elbe-Trajekt Lauenburg–Hohnstorf Anschluss an die Hannöversche Staatsbahn in Lüneburg hergestellt werden konnte. Eine feste Elbquerung gab es in Lauenburg (Elbe) erst ab 1878. Der Abschnitt Kiel–Ascheberg–Eutin (–Neustadt) wurde am 31. Mai 1866 von der Altona-Kieler Eisenbahn-Gesellschaft (AKE) eröffnet, bevor am 10. April 1873 auch die Strecke Eutin–Bad Schwartau–Lübeck der Eutin-Lübecker Eisenbahn-Gesellschaft (ELE) in Betrieb ging. Während die AKE schon 1884 verstaatlicht wurde, blieb die sehr ertragreiche ELE bis 1941 eine Privatbahn.

Obwohl es anfangs keine einheitliche Betriebsführung gab, entwickelte sich schon bald ein durchgehender Personen- und Güterverkehr, darunter später auch einige Schnellzüge wie der Schwarzwald-Express (Kiel–Seebrugg). Über den Südteil der Hauptbahn zwischen Lübeck und Lüneburg wurden bis Mitte der 1990er-Jahre zur Umfahrung des Eisenbahnknotens Hamburg einige über die Vogelfluglinie verkehrende Fernzüge geführt, darunter der von zahlreichen Ostsee-

Eine Regionalbahn aus Lübeck erreicht Lauenburg. Linkerhand der Elbe-Lübeck-Kanal.

urlaubern genutzte Fehmarn-Express. Ferner gab es mehrere Eilzugpaare der Relation Flensburg–Lüneburg (–Kreiensen).

Für die nahe Zukunft ist eine durchgehende Verdichtung des Zugangebots zwischen Kiel und Lübeck auf einen angenäherten Halbstundentakt geplant. Zu diesem Zweck soll abschnittsweise die Höchstgeschwindigkeit auf bis zu 140 km/h angehoben und die Zahl der Kreuzungsbahnhöfe erhöht werden. Die erste Ausbaustufe konnte bereits 2010 realisiert werden.

Das Zugangebot zwischen Kiel und Lübeck besteht aus einem durchgehenden Stundentakt mit Regional-Express-Zügen. Zusätzlich verkehren seit Juni 2010 Regionalbahnen, so dass zwischen Preetz und Eutin ein Halbstundentakt erreicht wird, während ansonsten der Fahrplan lediglich teilweise verdichtet ist. Südlich von Lübeck verkehren ausschließlich Regionalbahnen mit Triebwagen im Stundentakt. Planmäßiger Güterverkehr findet heute nur auf kurzen Teilbereichen statt. Ansonsten sieht man im Fall von Bauarbeiten besonders im Südteil gelegentlich umgeleitete Güterzüge oder weitere Sonderleistungen.

KIEL HBF–FLENSBURG

Die eingleisige Nebenbahn verbindet die Ostseehäfen Kiel, Eckernförde und Flensburg und ist für eine bei Nebenbahnen eigentlich recht ungewöhnliche Höchstgeschwindigkeit von 120 km/h zugelassen. Nach Auflassung unbedeutenderer Bahnhöfe und Haltestellen sind nur wenige Stationen verblieben. Somit benötigen die Züge auf der rund 80 km langen Strecke zwischen Kiel und Flensburg kaum mehr als 75 Minuten. Die durchfahrene Landschaft ist vorwiegend von Wiesen und Feldern mit einzelnen Waldflächen bestimmt und nur dünn besiedelt. Bedeutende Bauwerke sind die Levensauer Hochbrücke über den Nord-Ostsee-Kanal bei Kiel und die Lindaunisbrücke über die Schlei bei Boren, eine Klappbrücke in Stahlgitter-Kastenkonstruktion, die sowohl dem Eisenbahn- als auch dem Autoverkehr dient. Letztere wird in den Sommermonaten vor jeder vollen Stunde regelmäßig für rund 15 Minuten geöffnet. Da es keine getrennten Fahrbahnen für beide Verkehrsträger gibt und die Züge Vorfahrt haben, muss der Autoverkehr sowohl auf den Bahnverkehr als auch auf die Öffnungszeiten für den Schiffsverkehr Rücksicht nehmen.

Die erste Teilstrecke zwischen dem Staatsbahnhof in Kiel und Eckernförde durch den Dänischen Wohld nahm die Kiel-Eckernförde-Flensburger Eisenbahn-Gesellschaft (KEFE) am 1. Juli 1881 in Betrieb, bevor am 21. Dezember 1881 auch der

AUF EINEN BLICK

Kursbuchstrecke 146

Anbieter DB

Fahrzeuge 628, 648 (LINT 41)

Streckenlänge 81 km

Highlights Levensauer Hochbrücke, Klappbrücke bei Lindaunis (Boren)

Einfahrt einer Regionalbahn aus Flensburg in den noch mit Formsignalen ausgestatteten Bahnhof Neuwittenbek.

nördliche Abschnitt bis Flensburg eröffnet wurde. Der Bau des Nord-Ostsee-Kanals machte später eine Streckenverlegung zwischen der Kieler Stadtgrenze (Hassee) und Neuwittenbek notwendig, so dass die am 1. Juli 1903 verstaatlichte Strecke nunmehr eine Länge von 80 km hatte.

Der dünn besiedelte Landstrich im Osten Schleswig-Holsteins ließ ein nur mäßiges Verkehrsaufkommen erwarten. Für eine Belebung des ansonsten eher beschaulichen Betriebs sorgten alljährlich in den Sommermonaten die Urlaubsgäste. Folglich war die Strecke auch in den Eilzugverkehr der Deutschen Bundesbahn einbezogen. Bis 1999 nutzten freitags und sonntags sogar einige IC-Züge vorwiegend für Angehörige der Bundeswehr die Strecke. Ab 1986 wurde die Strecke erstmals im Stundentakt befahren, nachdem eine zunächst erwogene Teilstilllegung nicht weiterverfolgt wurde. Gleichzeitig gab die Deutsche Bundesbahn auch einen Teil der Bahnstationen auf. Seit 2009 wird die Strecke von der Regionalbahn Schleswig-Holstein betrieben. Während die Züge der Relation Kiel–Flensburg im Stundentakt fahren, ist das Angebot zwischen Kiel und Eckernförde halbstündlich verdichtet. Zugkreuzungen erfolgen bei durchgehenden Zügen jeweils in Gettorf und in Süderbrarup, während in den Tagesrandlagen teilweise auch in Sörup und Eckernförde Zugbegegnungen stattfinden. Gefahren wird mit den Baureihen 628 und 648. Güterverkehr besteht hingegen nicht mehr.

AUF EINEN BLICK

Kursbuchstrecke 12131

Anbieter Verein Verkehrsamateure und Museumsbahn e. V., Schönberg

Fahrzeuge Dampflokomotiven, Diesellokomotiven Triebwagen, historische Straßenbahnen

Streckenlänge 3,9 km

Internet www.vvm-museumsbahn.de

Highlights Eisenbahn- und Straßenbahnmuseum in Schönberg Strand

Zwischen den Bahnhöfen Schönberg (Holst) und Schönberger Strand werden in Zukunft nicht nur historische Züge sondern auch reguläre Reisezüge mit modernen Triebwagen verkehren.

(KIEL HBF–) SCHÖNBERG (HOLST)–SCHÖNBERGER STRAND

MUSEUMSBAHN „HEIN SCHÖNBERG“

1981 endete nach 84 Jahren der Personenverkehr auf der rund 24 km langen Nebenbahn zwischen Kiel und Schönberger Strand. Geblieben ist der Güterverkehr, der sich heute allerdings ausschließlich auf den Ostuferhafen beschränkt. Während das nördliche Streckenende zwischen Schönberg (Holst) und Schönberger Strand seit Jahren als Museumsbahn betrieben wird, drohte Teilen der Strecke zwischen Kiel und Schönberg (Holst) wiederholt die Stilllegung. Inzwischen jedoch hat sich das Blatt gewendet, eine Reaktivierung für den öffentlichen Schienenpersonennahverkehr steht bevor.

Mit Gründung der Museumsbahn durch den Verein Verkehrsamateure und Museumsbahn e. V. konnte der drohenden Rückbau des knapp 4 km langen Streckenabschnitts zwischen den beiden Schönberger Bahnhöfen verhindert werden. Seit 1976 fahren hier während der Sommersaison an Wochenenden regelmäßig Tourismuszüge mit historischem Fahrzeugmaterial. In gemütlichem Tempo geht es von Schönberg (Holst) durch die Postei zum Strand. An der Endstation bietet sich die Gelegenheit, von einem Dampfzug oder Dieseltriebwagen in eine historische Straßenbahn umzusteigen.

V 11

AUF EINEN BLICK

Anbieter Freunde des Schienenverkehrs Flensburg e.V.

Fahrzeuge Dampflokomotiven, Diesellokomotiven, Triebwagen (vorwiegend dänischen Ursprungs)

Streckenlänge 14,5 km

Internet http://www.angelner-dampfeisenbahn.de/

Highlights Museumsbahnhof am Hafen mit altem Lokschuppen

SÜDERBRARUP–KAPPELN (SCHLEI)

ANGELNER DAMPFEISENBAHN

Am 15. Mai 1883 nahm die Schleswig-Angeler Eisenbahn-Gesellschaft (SAE) eine Bahnverbindung zwischen Schleswig und Süderbraup in Betrieb, die am 22. Dezember 1904 bis zur Hafenstadt Kappeln (Schlei) weitergeführt wurde. Besondere Bedeutung konnte die 1899 vom Landkreis Schleswig übernommene Kleinbahn aufgrund der geringen Bevölkerungsdichte und der schwachen Wirtschaft aber nicht erlangen, der letzte Personenzug verkehrte am 27. Mai 1972. Im

Die Museumbahn wird vorwiegend mit Dampflokomotiven dänischen Ursprungs betrieben. Betrieblicher Mittelpunkt ist der Museumsbahnhof am Hafen in Kappeln (Schlei).

Jahr 1980 wurde auch der restliche Güterverkehr zwischen Schleswig und Süderbrarup eingestellt, während auf dem sich anschließenden Abschnitt bis Kappeln (Schlei) die Deutsche Bundesbahn den Wagenladungsverkehr übernahm. Seit 2003 verkehren zwischen Süderbrarup und Kappeln (Schlei) nur noch die Museumszüge der Angelner Dampfeisenbahn.

Inzwischen ist die mit überwiegend skandinavischen Fahrzeugen betriebene Museumsbahn zum festen Bestandteil des touristischen Angebots im Angelner Land geworden. Der gegenwärtige fahrplanmäßige Betrieb besteht aus zwei Zugpaaren, die in den Saisonmonaten an Sonntagen verkehren. Weitere Fahrten erfolgen nach Bedarf.

Ein dichtes Gewirr von Gleisen der Hamburger S-Bahn und der Fernbahn empfängt den Eisenbahnfotografen nördlich des Hamburger Hauptbahnhofs

Freie Hansestadt Hamburg

S-BAHNNETZ DER STADT HAMBURG

Die Geschichte der Hamburger S-Bahn begann am 16. Juli 1866 mit Eröffnung einer Verbindungsstrecke von den Bahnhöfen Klosterthor und Berliner Bahnhof über die Lombardsbrücke und die Stationen Dammtor und Sternschanze nach Altona. Diese Strecke wurde 1867 bis Blankenese und 1883 bis Wedel verlängert. Die Bevölkerung nahm das neue Verkehrsmittel mit Begeisterung an, so dass die Beförderungszahlen in den folgenden Jahren stetig anstiegen. Schließlich wurde 1893 der Ausbau der Verbindungsbahn auf vier Gleise notwendig, die auf einen Bahndamm verlegt den Straßenverkehr nunmehr nicht mehr behinderten.

Am 5. Dezember 1906 nahm die KED Altona unter der Bezeichnung Hamburg-Altonaer Stadt- und Vorortbahn den Personenverkehr zwischen den Städten Blankenese, Altona (Elbe) und Hamburg sowie kurz darauf auf einer neuen zweigleisigen Strecke nach Ohlsdorf auf. Letztere folgte vom ebenfalls am 5. Dezember 1906 eröffneten neuen Hamburger Hauptbahnhof den Gleisen der Lübeck-Büchener Eisenbahn bis Hasselbrook und führte ab hier auf eigener Trasse zum seinerzeit neu entstehenden Friedhof Ohlsdorf.

1907 begann der elektrische Betrieb zwischen Blankenese und Ohlsdorf, nachdem die Strecke zuvor mit Wechselstrom elektrifiziert worden war. Diese Verbindung wurde später zur Stammstrecke des Hamburger S-Bahn-Netzes. Davon ausgehend kamen im Laufe der Jahre weitere Strecken in Richtung Bergedorf, Pinneberg und Harburg sowie durch die Hamburger Innenstadt hinzu. Zwischen 1939 und 1955 erfolgte die schrittweise Ablösung der Oberleitung durch eine Stromschiene und die Umstellung auf Gleichstrom. Dieses auch bei den Berliner S-Bahnen verwendete System der Energiezuführung ist nach wie vor im Einsatz, auch wenn seit 2007 die S-Bahnzüge auf der Linie S 3 zwischen Neugraben und Stade zusätzlich mit Wechselstrom aus der Oberleitung verkehren. Dafür wurden eigens spezielle Mehrsystemtriebwagen beschafft. Folgende Strecken werden von der 1997 als selbstständige Tochter der Deutschen Bahn AG gegründeten S-Bahn Hamburg GmbH betrieben:

S 1	Wedel–Altona–Landungsbrücken–Hamburg Hbf–Hamburg Airport/Poppenbüttel
S 2	Altona–Landungsbrücken–Hamburg Hbf–Bergedorf
S 3	Pinneberg–Altona–Landungsbrücken–Hamburg Hbf–Neugraben –Stade
S 11	Blankenese–Altona–Dammtor–Hamburg Hbf–Ohlsdorf
S 21	Elbgaustraße–Dammtor–Hamburg Hbf–Aumühle
S 31	Altona–Dammtor–Hamburg Hbf–Neugraben

Nach wie vor sind bei der Hamburger S-Bahn noch alle bislang verwendeten Stellwerksbauformen aus einem gesamten Jahrhundert anzutreffen: Neben einem mechanischen Stellwerk der Bauform Jüdel sind noch acht Anlagen mit elektromechanischer Sicherungstechnik von Siemens & Halske in Betrieb, ferner acht Spurplan-Drucktastenstellwerke der Bauform Siemens SpDrS 60 sowie ein elektronisches Siemens-Stellwerk vom Typ El S.

Interessante Fotomotive findet man vor allem im Bereich der Strecken von Hamburg Hbf nach Wedel und Poppenbüttel mit schönen Bahnhöfen und einigen als Fotopunkte gut geeigneten Straßenüberführungen. Wer Streckenaufnahmen ohne Bebauung machen möchte, der sollte dem Bereich östlich des Bahnhofs Wedel einen Besuch abstatten.

AUF EINEN BLICK

Kursbuchstrecke 101.1, 101.2, 101.3, 101.11, 101,21, 101,31

Anbieter DB

Fahrzeuge 474, 4743

Streckenlänge 147 km

Highlights Kopfbahnhof Blankenese mit Formsignalen

Ein Zug der Hamburger S-Bahn im Bahnhof Hamburg-Eidelstedt. Links die Gleise der Hauptbahnen nach Westerland und Flensburg.

Schwerer Güterzug der Salzgitter AG am 5. März 2013 am Einfahrtsignal von Othfresen an der Strecke Hildesheim–Goslar.

NIEDERSACHSEN
HANSESTADT BREMEN

Die metronom Eisenbahngesellschaft betreibt den Regionalverkehr zwischen Hannover und Hamburg (bei Wichmannsburg, September 2012).

HANNOVER–HAMBURG

Kernstück dieser hochbelasteten, 1847 von der Hannöverschen Staatsbahn eröffneten Fernstrecke ist der Abschnitt Celle–Harburg in Verlängerung der sogenannten Lehrter Kreuzbahn. Die beiden Anschlussstrecken nach Hamburg und Hannover entstanden erst später, letztere sogar erst 1938 kurz vor dem Zweiten Weltkrieg. Die durchgehend elektrifizierte, zweigleisige und abschnittsweise für eine Höchstgeschwindigkeit von 200 km/h ausgebaute Fernstrecke führt in weiten Teilen durch dünn besiedelte Gebiete der östlichen Lüneburger Heide, die sich von Celle bis weit hinauf in den Raum Lüneburg erstreckt. Die von der Bahn durchfahrene Region ist ausgesprochen waldreich und teilweise leicht hügelig. Teilweise verläuft die Trasse sehr abgelegen und ist nur über für Kraftfahrzeuge gesperrte Forstwege zu erreichen. Häufig schränkt dichter Bewuchs den freien Blick auf die Bahn ein, so dass man mitunter schon ein wenig suchen muss, um ein geeignetes Bildmotiv zu finden. Nördlich von Lüneburg hat man damit begonnen, zur Erhöhung der Streckendurchlässigkeit ein drittes Gleis zu verlegen. Somit sind die Fotomöglichkeiten hier derzeit stark eingeschränkt.

Neben regem Reisezugverkehr mit IC und ICE sowie Regionalexpresszügen ist die Hauptbahn sehr stark mit Güterzügen belegt und spielt im Hinterlandverkehr des Hamburger Seehafens eine wichtige Rolle.

AUF EINEN BLICK

Kursbuchstrecke 110

Anbieter DB, metronom Eisenbahngesellschaft mbH

Fahrzeuge 101, 120, 145, 151, 152, 155, 185, 189, 294, 295, 401, 402, 403, 411, metronom 146, Loks div. EVU

Streckenlänge 181 km

Highlights Hamburger Elbbrücken, Rangierbahnhof Maschen, Hundertwasserbahnhof Uelzen

LÜNEBURG–DANNENBERG OST
WENDLANDBAHN

Die eingleisige Nebenbahn ist der verbliebene Rest einer einst als Fernbahn geplanten Verbindung zwischen den Metropolen Berlin und Hamburg bzw. Bremen, die jedoch nie die erhoffte Bedeutung erlangte. Die von der Berlin-Hamburger Eisenbahn-Gesellschaft (BHE) gebaute und 1874 eröffnete Strecke führt ab Lüneburg durch beschauliche waldreiche Gebiete des Wendlands, vorbei an stattlichen, vielfach dem Verfall preisgegebenen Bahnhofsgebäuden, die an bessere Zeiten erinnern. Dannenberg ist heute Endpunkt der Bahnlinie. Bis 1945 führte sie über die Elbe und die Festung Dömitz weiter nach Ludwigslust und Wittenberge. An diese Zeit erinnern Reste der alten Elbebrücke, die inzwischen zu einem technischen Denkmal erklärt wurden. Die noch mit Formsignalen ausgestattete Wendlandbahn ist auch als „Atombahn“ bekannt, denn immer wieder sorgen in unregelmäßigen Abständen verkehrende Atommülltransporte nach Gorleben für Schlagzeilen. Ansonsten besteht kein Güterverkehr mehr und auch das Reisezugangebot ist mit nur fünf Zugpaaren an Werktagen und vier an Sonntagen äußerst bescheiden. Gefahren wird mit Triebwagen der Baureihe 628. Lediglich an Sonntagen in den Sommermonaten kommen teilweise lokbespannte Züge (Baureihe 218) zum Einsatz, um die zahlreichen Radtouristen befördern zu können. Ende des Jahres 2014 wird die erixx GmbH den Reisezugverkehr mit Triebwagen vom Typ LINT 41 übernehmen. Ferner ist eine Steigerung der Streckenhöchstgeschwindigkeit auf 80 km/h und eine Angebotsverdichtung vorgesehen.

AUF EINEN BLICK

Kursbuchstrecke 112
Anbieter DB
Fahrzeuge 218, 628
Streckenlänge 53 km
Highlights Brücke über den Elbe-Seitenkanal

Regionalbahn nach Lüneburg im August 2012 im Bahnhof Dannenberg Ost. Von einstmals mehreren Nebengleisen sind im Bahnsteigbereich gerade einmal zwei verblieben.

DANNENBERG OST–LÜCHOW
JEETZETALBAHN

AUF EINEN BLICK

Kursbuchstrecke 113

Anbieter Deutsche Regionaleisenbahn (DRE)

Fahrzeuge Uerdinger Schienenbus, MAN-VT, BR 628 der EVB

Streckenlänge 17 km

Highlights Brücke über den Jeetzel-Kanal südlich von Dannenberg West

Schon 1855 plante die Magdeburg-Cöthen-Haller-Leipziger Eisenbahn den Bau einer Eisenbahnlinie von Lüneburg über Dannenberg nach Salzwedel, doch erst nach 1870 erreichte die Eisenbahn das Wendland mit einer Hauptbahn von Lüneburg über Dannenberg nach Wittenberge. Eine Verbindung mit Salzwedel kam erst Jahre später zustande. 1891 ging zunächst der Abschnitt Salzwedel–Lüchow in Betrieb, 1911 folgte die Verlängerung bis Dannenberg West mit Anschluss an die erst wenige Jahre alte Nebenbahn Uelzen–Dannenberg.

Besondere Bedeutung konnte der Bahnverkehr zwischen Salzwedel und Dannenberg nicht erlangen. Als die innerdeutsche Grenze die Strecke 1945 nördlich von Salzwedel unterbrach, war die Stilllegung nur noch eine Frage der Zeit. 1975 endete der planmäßige Personenverkehr, 1998 fuhr auch der letzte Güterzug. 2001 übernahm die Deutsche Regionaleisenbahn (DRE) die Gleisanlagen mit dem Ziel, sie zu einem späteren Zeitpunkt für den regelmäßigen Tourismusverkehr und auch für den Güterverkehr wieder zu nutzen. Doch viel mehr als ein sporadischer Verkehr mit einzelnen Sonderzügen kam bislang nicht zustande.

Auch im Jahr 2013 besteht die Möglichkeit zur Bereisung der landschaftlich schönen Strecke mit ihren stattlichen und zum Teil recht gepflegten Bahnhofsgebäuden. Inwieweit allerdings aktuell diskutierte Pläne zur Reaktivierung der Gesamtstrecke Dannenberg–Salzwedel für den regulären Personen- und Güterverkehr umgesetzt werden können, bleibt abzuwarten.

BRAUNSCHWEIG HBF–WIEREN (–UELZEN)
MÜHLENBAHN

AUF EINEN BLICK

Kursbuchstrecke 115

Anbieter DB

Fahrzeuge 628, 294, 295; Loks priv. EVU

Streckenlänge 77 km

Die eingleisige und noch weitgehend mit Formsignalen ausgestattete Strecke wurde schrittweise eröffnet. Im Jahre 1889 ging zunächst der Abschnitt Gifhorn-Isenbüttel–Triangel in Betrieb, gefolgt von Gifhorn-Isenbüttel–Meine im Jahr darauf.
Beide Teilstrecken wurden zunächst durch die Berlin-Lehrter Eisenbahngesellschaft betrieben. 1894 konnte der Bahnbetrieb über Meine hinaus bis Braunschweig ausgedehnt werden, bevor im Jahr 1900 auch der nördliche Teil der Strecke bis Wieren betriebsbereit war.

Die Strecke führt in weiten Teilen durch einsame Landschaften des östlichen Niedersachsens mit vielen schönen Fotomotiven. Nach dem Verlassen des dicht besiedelten Braunschweiger Umlands erreicht die „Mühlenbahn" den Landkreis Gifhorn und kreuzt die Hauptbahn Hannover–Berlin.

Im weiteren Verlauf werden weite Teile der dünn besiedelten östlichen Lüneburger Heide durchfahren, bevor die Strecke in Wieren auf die sogenannte „Amerikalinie" trifft, deren Trasse bis

Uelzen mitbenutzt wird. Nennenswerte Industrieunternehmen, die für Güterverkehr sorgen könnten bzw. sorgen, findet man lediglich im Großraum Braunschweig, der zweitgrößten Stadt Niedersachsens. Ansonsten führt die früher auch von überregional verkehrenden Eilzügen befahrene Strecke ausschließlich durch ländliche Gebiete mit starker landwirtschaftlicher Prägung.

In den letzten Jahren immer wieder aufflammende Stilllegungspläne werden derzeit nicht weiterverfolgt, obwohl die Bahn zu den am schwächsten ausgelasteten in Niedersachsen zählt. Gefahren wird mit Triebwagen der Baureihe 628 im Zweistundentakt mit Verdichtern, während regelmäßiger Güterverkehr nur noch zwischen Braunschweig und Wenden-Bechtsbüttel stattfindet.

Ein Zug der Hamburger S-Bahn im Bahnhof Hamburg-Eidelstedt. Links die Gleise der Hauptbahnen nach Westerland und Flensburg.

Die Regionalbahn aus Uelzen hat den Norden der Stadt Braunschweig erreicht. Hier münden die Reste der früheren Nebenbahn aus Celle in die „Mühlenbahn“.

AUF EINEN BLICK

Kursbuchstrecke 119

Anbieter erixx GmbH, DB

Fahrzeuge LINT 41, 218

Streckenlänge 97 km

Highlights Bundeswehr-IC ab Munster, Bahnhöfe Munster, Soltau und Visselhövede mit Formsignalen

UELZEN–LANGWEDEL

AMERIKALINIE

Die mitunter auch als „Bremer Staatsbahn" bezeichnete Strecke wurde auf Betreiben des Bremer Senats errichtet und finanziert. Die Betriebsführung der 1873 eröffneten Bahnlinie oblag der renommierten Magdeburg-Halberstädter Eisenbahngesellschaft bis zu deren Verstaatlichung im Jahr 1879. Den umgangssprachlichen Namen „Amerikalinie" erhielt die Eisenbahnlinie erst später im Zusammenhang mit großen Auswanderungswellen u. a. aus den östlichen Teilen des Deutschen Reiches. Zahlreiche Auswandererzüge hatten Bremerhaven zum Ziel, wo an der Columbuskaje Anschluss an die Auswandererschiffe nach Amerika bestand. Mit der deutschen Teilung verlor die zweigleisige Fernstrecke schlagartig ihre Bedeutung. Heute herrscht auf der nur noch eingleisigen und in eine Nebenbahn zurückgestuften „Amerikalinie" nur noch schwacher Reisezugverkehr, während Güterzüge (zumeist private EVU) nur sporadisch verkehren.

Der Reisende durchfährt die dünn besiedelte Lüneburger Heide mit ihren riesigen Waldflächen von Ost nach West und erlebt viel Natur. Große Teile der sehr einsamen Waldgebiete werden noch immer als militärische Übungsplätze genutzt und dürfen von Privatpersonen nicht betreten werden. Ohnehin scheint vielerorts die Zeit stehen geblieben zu sein, denn nach wie vor findet man Bahnhöfe mit Formsignalen und mechanischen Stellwerken. Selbst die klassische Telefon-

Für willkommene Abwechslung im Bahnbetrieb sorgt an Freitagen der Bundeswehr-IC 1931 Munster–Berlin. Der Gegenzug IC 1930 trifft sonntagabends in Munster ein.

freileitung blieb bis heute teilweise erhalten. In Soltau kreuzt die „Amerikalinie“ die Heidebahn Buchholz–Hannover, ferner nehmen hier mehrere Strecken der Osthannoversche Eisenbahnen ihren Ausgang. Im benachbarten Munster (Oertze) spielt das Militär weiterhin eine Rolle, wenn auch nicht mehr in dem Maße wie in früheren Jahren. An Wochenenden verkehrt nach wie vor ein diesellokbespanntes IC-Zugpaar (Baureihe 218) für Bundeswehrangehörige nach Berlin.

HAMBURG–BREMEN
ROLLBAHN

Die Hauptbahn wurde 1874 von der sechs Jahre später verstaatlichten Cöln-Mindener Eisenbahn (CME) eröffnet und wegen des regen Verkehrsaufkommens bereits in den Jahren 1887 bis 1893 schrittweise mit einem zweiten Gleis versehen. Gleichzeitig mit Aufnahme des Zugverkehrs zwischen Hamburg und Bremen ging aus zollrechtlichen Gründen auch die Verbindungsbahn für den Güterverkehr von Sagehorn nach Kirchweyhe/Dreye zur Umgehung der Hansestadt Bremen in Betrieb. 1968 erfolgte die Umstellung auf elektrische Traktion, bevor der Abschnitt Buchholz (Nordheide)–Rotenburg (Wümme) im Zuge weiterer Ausbaumaßnahmen ein drittes Gleis erhielt.

Reger Güterverkehr herrscht rund um die Uhr in Bremen Hbf. Einer von vielen Güterzügen ist der von der Teutoburger Wald-Eisenbahn gefahrene Kokspendel Bottrop–Bremen Weserhütte.

AUF EINEN BLICK

Kursbuchstrecke 120

Anbieter DB, metronom Eisenbahngesellschaft mbH

Fahrzeuge 101, 120, 140, 145, 151, 152, 155, 185, 189, 401, 402, metronom 146, Loks div. EVU

Streckenlänge 77 km

Highlights Bahnhofshallen in Bremen Hbf und Hamburg Hbf, Süderelbebrücke

Landschaftlich gesehen ist die Strecke durchaus interessant, auch wenn sie mit besonderen Höhepunkten nicht aufwarten kann. Für den Eisenbahnfotografen hilfreich sind die vielen Brücken über die Bahn, in deren Umfeld sich die Vegetation mitunter als weniger störend erweist. Teilweise bieten auch die Bahnhöfe brauchbare Fotomöglichkeiten, wie beispielsweise Buchholz (Nordheide), Hittfeld, Klecken, Sottrum oder auch Rotenburg (Wümme). Besonders interessant sind die Großstadthauptbahnhöfe in Bremen und Hamburg mit ihren markanten Bahnhofshallen. Zwei untrennlich mit der Rollbahn verbundene Ingenieurbauten sind allerdings leider seit einigen Jahren verschwunden: Die in den Jahren 1902 bis 1904 als Drehbrücke errichtete viergleisige Oberhafenbrücke musste einem Neubau weichen, ebenso die alte Pfeilerbahn zwischen dem Hauptbahnhof und den Elbbrücken. Geblieben ist der sehr starke, abwechslungsreiche Eisenbahnverkehr, der allemal eine Fototour lohnt.

(HAMBURG–) HAMBURG-HARBURG–CUXHAVEN

UNTERELBEBAHN

AUF EINEN BLICK

Kursbuchstrecke 121

Anbieter metronom Eisenbahngesellschaft mbH, DB

Fahrzeuge 145, 185, 232, 261, 265, 294, 295, 474, metronom BR 246, Loks div EVU

Streckenlänge 104 km

Highlights Kopfbahnhof Cuxhaven

Die 1881 von der Unterelbesche Eisenbahn-Gesellschaft eröffnete „Unterelbebahn", auch „Niederelbebahn" genannt, verbindet Hamburg-Harburg mit Cuxhaven. Die bis auf den Abschnitt Himmelpforten–Hechthausen durchgehend zweigleisige und zwischen Hamburg-Harburg und Stade elektrifizierte Hauptbahn verläuft im Übergang der niedersächsischen Geest zu den Elbmarschen auf teilweise morastigem Untergrund weitgehend eben trassiert. Größere Waldgebiete werden lediglich im Bereich Hamburg-Harburg–Hamburg-Neugraben tangiert, ansonsten bestimmt vielfach grünes und feuchtes Marschland mit typisch norddeutschem Charme das Umland. Größere Städte sind Buxte-

Ein Zug der metronom Eisenbahn-Gesellschaft eilt bei Bornberg durch das beschauliche Marschland in Richtung Hamburg.

hude, Stade, Otterndorf und natürlich Cuxhaven mit dem markanten Kopfbahnhof.

Besonders dichter Verkehr herrscht zwischen Hamburg-Harburg und Stade, da hier neben dem Regional- und Güterverkehr auch noch die Hamburger S-Bahn mit Zweisystemfahrzeugen unterwegs ist. Bis Hamburg-Neugraben verkehrt sie auf eigener Trasse und bezieht den Fahrstrom (Gleichstrom) aus einer seitlichen Stromschiene. Zwischen Hamburg-Neugraben und Stade hingegen erfolgt die Energieversorgung mit Wechselstrom über die reguläre Oberleitung, die bis Stade reicht. Hier sorgen mehrere größere Industrieunternehmen für regen Güterverkehr. Ein sehr viel höheres Güteraufkommen bringt der Unterelbe-Seehafen in Hamburg auf die Schiene. Aber auch der Hafen von Cuxhaven ist für den Bahngüterverkehr nicht ohne Bedeutung. Mangels Fahrleitung muss bis Cuxhaven mit Diesellokomotiven gefahren werden.

Seit Dezember 2007 liegt der Regionalverkehr nach Cuxhaven in Händen der metronom Eisenbahngesellschaft. Eingesetzt werden TRAXX-Diesellokomotiven der Baureihe 246 mit modernen Doppelstockwagen. Befahren wird die Unterelbebahn stündlich ab Hamburg Hauptbahnhof.

AUF EINEN BLICK

Kursbuchstrecke 123
Anbieter EVB
Fahrzeuge 642 (LINT 41), 628, div. EVB-Dieselloks
Streckenlänge 77 km

BUXTEHUDE–BREMERVÖRDE–BREMERHAVEN

ELBE-WESER-BAHN

Die Nebenbahn war im Abschnitt Bremerhaven–Harsefeld einst Teil einer überregionalen Eisenbahnverbindung zwischen Bremerhaven und Berlin, die allerdings keine größere Bedeutung erlangen sollte. Nachdem die Deutsche Bundesbahn den Personenverkehr im Abschnitt Hesedorf–Harsefeld aufgrund zu geringer Nachfrage schon 1968 eingestellt hatte, sollten ab Ende der 1980er-Jahre auch zwischen Bremerhaven und Hesedorf (–Stade) keine Reisezüge mehr fahren. Doch dieses Vorhaben konnte mit Gründung der Eisenbahnbetriebe Elbe-Weser (EVB) verhindert und eine neue Regionalverkehrslinie Buxtehude–Bremerhaven unter Einbeziehung der ebenfalls stilllegungsbedrohten Buxtehude-Harsefelder Eisenbahn realisiert werden.

Die landschaftlich schöne und abwechslungsreiche Nebenbahn führt in weiten Teilen durch dünn besiedeltes Gebiet, dessen Weiden und Ackerflächen intensiv bewirtschaftet werden. Auch wenn lediglich Bremervörde und Harsefeld mit einer größeren Einwohnerschaft aufwarten können, werden die Züge der EVB doch sehr gut genutzt. Die gesamte Strecke ist inzwischen umfassend modernisiert und mit einem ESTW-Stellwerk ausgestattet worden. Es verkehren stündlich Regionalbahnen, die mit Triebwagen vom Typ LINT 41 gefahren werden. Die ursprünglich in Dienst gestellten, der DB-Baureihe 628 entsprechenden, Triebwagen sind heute nur noch sporadisch unterwegs. Besonders der westliche Teil der Nebenbahn zwischen Bremerhaven und Bremer-

vörde (–Rotenburg/Wümme) wird in Zukunft auch im Güterverkehr eine größere Bedeutung erlangen. Damit soll im Seehafenhinterlandverkehr der stark frequentierte Knoten Bremen entlastet werden.

Regionalbahn nach Buxtehude in waldreicher Umgebung bei Oerel. Gleis und Unterbau der Strecke wurden unter anderem für geplante Containerverkehre gründlich saniert.

(HANNOVER–) BENNEMÜHLEN–SOLTAU–BUCHHOLZ (NORDHEIDE)

HEIDEBAHN

Die Entstehung der Heidebahn war eine schwierige Geburt. Sie sollte der über Lüneburg und Uelzen führenden Hauptstrecke Hannover–Hamburg durch eine kürzere Streckenführung Konkurrenz machen, was aber aufgrund des ungünstigen Streckenverlaufs nicht gelang. Bis auf einige durchgehende Eilzüge und dem zeitweise regen Militär-

AUF EINEN BLICK

Kursbuchstrecke 122

Anbieter erixx GmbH

Fahrzeuge LINT 41, 261, 294, 295

Streckenlänge 108 km

Highlights Bahnhöfe noch weitgehend mit Formsignalen

verkehr blieb die 1901 durchgehend eröffnete Nebenbahn ein Schienenweg von untergeordneter Bedeutung.

Die Heidebahn zählt zweifellos zu den schönsten Nebenbahnen Norddeutschlands. Sie führt durch die großen Heidegebiete rund um Soltau und wird in den Sommermonaten immer mehr zu einem unverzichtbaren Verkehrsmittel für den Radtourismus. Im Großraum Hannover wurde die Heidebahn bis Bennemühlen in das S-Bahn-Netz der Stadt Hannover einbezogen. Auf der sich anschließenden Strecke bis Buchholz führt die erixx GmbH seit Ende 2011 den Betrieb im Stundentakt mit Triebwagen vom Typ LINT 41. Der früher rege Güterverkehr ist vor allem nach dem weitgehenden Entfall des früher bedeutenden Militärverkehrs weitgehend zum Erliegen gekommen und beschränkt sich heute auf ein planmäßiges Zugpaar zwischen Hannover und Walsrode.

Die besonders für den Abschnitt Soltau–Buchholz immer wieder diskutierte Stilllegung der Heidebahn ist inzwischen vom Tisch. Mittlerweile hat der Ausbau der Strecke für Geschwindigkeiten bis 120 km/h begonnen.

Der „erixx" verkehrt seit Dezember 2011 auf der Heidebahn. Im September 2012 begegnet uns ein Zug des neuen Anbieters kurz vor dem ehemaligen Bahnhof Jettebruch.

MINDEN–NIENBURG–VERDEN (ALLER)–ROTENBURG (WÜMME)

Die Bahnhöfe der elektrifizierten Nebenbahn erhielten außergewöhnlich große Bahnhofsgebäude. In Estorf wird es größtenteils als Wohnhaus genutzt. Lediglich die Räumlichkeiten für den Fahrdienstleiter werden noch von der Bahn unterhalten.

Die eingleisige elektrifizierte Strecke nutzt zwischen Verden (Aller) und Nienburg die Trasse der Hauptbahn Bremen–Wunstorf–Hannover und dient in erster Linie dem überregionalen Güterverkehr bzw. übernimmt bei Betriebsstörungen und Bauarbeiten auf umliegenden Strecken häufig umfangreiche Umleiterverkehre. Der schon seit den 1970er-Jahren geplante zweigleisige Ausbau konnte bislang nicht realisiert werden. Der Reisezugverkehr ist recht schwach und wird im Zweistundentakt abgewickelt.

Die Strecke führt in weiten Teilen durch eine vorwiegend landwirtschaftlich geprägte Region ohne nennenswerte Besonderheiten. Die noch bestehenden Bahnhöfe zwischen Minden und Nienburg sind durchweg noch mit mechanischer Sicherungstechnik versehen und wurden auf das betrieblich Notwendigste zurückgebaut. Lediglich in Petershagen-Lahde findet man wegen des dortigen Steinkohlengroßkraftwerks noch einen umfangreicheren Spurplan vor.

AUF EINEN BLICK

Kursbuchstrecke 124

Anbieter DB

Fahrzeuge 110, 145, 151, 152, 185, 189, 294, 295 425, Loks div. EVU

Streckenlänge 111 km

Highlights Bahnhöfe zwischen Nienburg und Minden mit Formsignalen

An einem späten Maiabend im Jahr 2012 rollt ein langer Containerzug eines privaten Anbieters durch Oldenbüttel in Richtung Bremerhaven.

BREMEN HBF–BREMERHAVEN–CUXHAVEN
GEESTEBAHN/NORDSEEBAHN

Die Kursbuchstrecke von Bremen über Bremerhaven nach Cuxhaven gliedert sich in zwei Teile. Der südliche Abschnitt von Bremen nach Bremerhaven, auch als „Geestebahn" bezeichnet, wurde 1862 eröffnet. Damals hieß die Endstation noch Geestemünde, seit 1947 ist dieser Ort ein Stadtteil von Bremerhaven. Gebaut wurde die zweigleisige Verbindung vor allem zur Anbindung der Unterweserhäfen mit den Häfen der Hansestädte Bremen und Hamburg und ist seit 1966 elektrifiziert.

1896 folgte eine Verlängerung der Strecke über Geestemünde hinaus nach Norden bis Cuxhaven, die bis heute eingleisig und ohne Fahrdraht ist und auch als „Nordsee-

bahn“ bezeichnet wird. Der heutige Hauptbahnhof von Bremerhaven entstand erst 1914 im Zusammenhang mit einer Umgestaltung des Trassenverlaufs.

Während der Streckenteil südlich von Bremerhaven mit zum Teil sehr dichtem Güterverkehr verschiedener EVU belegt ist, verkehren zwischen Bremerhaven und Cuxhaven lediglich bei Bauarbeiten an der Unterelbebahn einzelne Güterzüge. Da die Nebenbahn infolge von Rückbaumaßnahmen nicht mehr über die notwendige Durchlassfähigkeit verfügt, müssen in solchen Fällen einzelne Reisezüge durch Omnibusse ersetzt werden.

Die Strecke verläuft weitgehend durch schwach besiedelte Gebiete. Werden im südlichen Teil teilweise größere Waldgebiete durchfahren, so ist die Landschaft nördlich von Bremerhaven fast ausschließlich durch Wiesen und Weideflächen geprägt. Einen Besuch wert sind die noch mit Formsignalen versehenen Bahnhöfe Dorum und Lübberstedt. Nicht versäumen sollte man einen Abstecher zum Seehafen in Bremerhaven, wo es von den öffentlichen Straßen und Wegen aus immer wieder eine Menge zu entdecken gibt.

AUF EINEN BLICK

Kursbuchstrecke 125

Anbieter DB, EVB, NordWestBahn

Fahrzeuge 145, 146, 151, 152, 155, 185, 189, 294, 295, LINT 41, Coradia Continental, Loks div. EVU

Streckenlänge 106 km

Highlights
Seehafen Bremerhaven, Bahnhofshalle in Bremen Hbf, Kopfbahnhof Cuxhaven

Die Regio-S-Bahn aus Bremerhaven erreicht im Mai 2012 den noch mit Formsignalen versehenen Bahnhof Lübberstedt.

AUF EINEN BLICK

Kursbuchstrecke 126
Anbieter NordWestBahn
Fahrzeuge Coradia Continental, 294, 295, class 77
Streckenlänge 6 km

(BREMEN HBF–) BREMEN-BURG–VEGESACK

Eröffnet wurde diese knapp 6 km lange Strecke im Jahr 1862. 1906/07 wurde ein zweites Streckengleis gebaut und 1967 folgte die Umstellung auf elektrischen Betrieb. Die Strecke hatte stets große Bedeutung für den Reiseverkehr, während sich die Beförderung von Gütern hauptsächlich auf den Übergang zur Farge-Vegesacker Eisenbahn konzentrierte. Der Streckenverlauf ist recht unspektakulär, zumal die Gleise teilweise einer Schnellstraße folgen. Einzig fotogener Hochbau ist das Empfangsgebäude von Vegesack. Ansonsten gibt es im Streckenverlauf einige Überführungen, die sich als Fotostandpunkt eignen.

Es verkehren die als ET 440 bezeichneten Coradia Continental-Triebwagen an Werktagen im Halbstundentakt. Hinzu kommen an manchen Tagen Kesselwagenzüge (DB-Baureihe 295) für das Tanklager Rönnebeck an der Farge-Vegesacker Eisenbahn sowie seit April 2013 montags bis samstags vier Kohlezugpaare zum Kohlekraftwerk Farge, die mit Großdiesellokomotiven der Bauart class 77 bespannt werden.

Die Regio-S-Bahn aus Verden (Aller) erreicht den noch immer mit Formsignalen gesicherten Bahnhof Bremen-Vegesack

BREMEN-FARGE–BREMEN-VEGESACK

Nach mehr als 45-jähriger Pause kehrte der Schienenpersonenverkehr 2007 auf die Gleise der Farge-Vegesacker Eisenbahn zurück (Turnerstraße, Mai 2012).

Die 1888 eröffnete private Farge-Vegesacker Eisenbahn Aktiengesellschaft (FVE) verlor bereits 1961 den Personenverkehr, nachdem eine konkurrierende Buslinie der Bremer Straßenbahn AG mit günstigeren Tarifen einen starken Rückgang der Nachfrage ausgelöst hatte. Es verblieb ein reger Güterverkehr, unter anderem mit Steinkohle für das Kraftwerk Farge. 2007 erfolgte nach gründlicher Modernisierung der Bahnanlagen eine Reaktivierung des Reisezugverkehrs mit Zügen der NordWestBahn. Nachdem zunächst Dieseltriebwagen verwendet wurden, wird seit Ende 2011 in einem halbstündigen Takt elektrisch gefahren. Der Güterverkehr war zu dieser Zeit kaum noch von Bedeutung und beschränkte sich inzwischen weitgehend auf die Bedienung des Bundeswehr-Tanklagers Rönnebeck. Die während des Zweiten Weltkrieges errichtete WiFo-Tankanlage „Wasserberg“ gilt nach wie vor als größtes unterirdisches Treibstoffdepot der Welt und steht im Jahr 2013 zur Privatisierung an. Inwieweit auch in Zukunft eine Bedienung über die Schiene erfolgt, ist derzeit noch nicht absehbar. Wiederaufgenommen wurde im April 2013 der Kohleverkehr zum Kraftwerk Farge mit täglich vier Zugpaaren.

Die Strecke verläuft teilweise durch Wälder, vorwiegend aber erschließt sie dicht bebaute Vorstadtgebiete von Bremen. Baulich herausragend ist das Gebäude am Endbahnhof Farge, in dem Verwaltung der FVE untergebracht ist.

AUF EINEN BLICK

Kursbuchstrecke 127
Anbieter NordWestBahn
Fahrzeuge Coradia Continental, 294, 295, class 77
Streckenlänge 10,4 km

ICE in Richtung Westdeutschland im April 2011 östlich von Deedenhausen.

(HANNOVER HBF–) LEHRTE–OEBISFELDE (–BERLIN HBF)

BERLIN-LEHRTER BAHN

Die Berliner Fernbahn über Magdeburg war wegen ihrer Kopfbahnhöfe in Braunschweig und Magdeburg ein unglückliches Gebilde. Folglich gab es schon frühzeitig Überlegungen, eine neue, rund 60 km kürzere Strecke weiter nördlich zu bauen, die möglichst geradlinig die Städte Hannover und Berlin verbinden sollte. Nachdem ein entsprechendes Gesetz verabschiedet war, nahm die Magdeburg–Halberstädter Eisenbahn (MHE) 1871 die neue, über Oebisfelde und Stendal führende Fernbahn in Betrieb.

Die von Beginn an zweigleisige Strecke wurde sogleich von zahlreichen Schnellzügen befahren und auch der Güterverkehr war bedeutend. Nach der deutschen Teilung 1945 verlor die Strecke ihre herausragende Bedeutung und wurde zu einer zweitklassigen Hauptbahn mit nur noch geringem Fernreiseverkehr. Nach der Wende erfolgte der Ausbau der vorhandenen Trasse zur Schnellfahrstrecke, wobei zwischen Hannover und Oebisfelde nunmehr eine Höchstgeschwindigkeit von 200 km/h erreicht werden kann. Östlich von Fallersleben verlaufen die Gleise der Stammstrecke und die der Schnellbahn auf getrennten Trassen, wobei auf eine Elektrifizierung der alten Berlin–Lehrter Bahn aus Kostengründen zunächst verzichtet wurde.

Die Bahnlinie zwischen Hannover bzw. Lehrte präsentiert sich

AUF EINEN BLICK

Kursbuchstrecke 300/349

Anbieter DB

Fahrzeuge 101, 112, 145, 152, 185, 189, 294, 295, 628, 648, Loks div. EVU, 401, 402, 403

Streckenlänge 72 km

heute recht steril mit viel Lärmschutz, der im Bereich der Bahnhöfe und Haltepunkte mitunter schon etwas erdrückend wirkt. Die alten Bahnhofsgebäude stehen häufig hinter Lärmschutzwänden und verfallen vielfach, sofern man sie nicht längst abgerissen hat. Auch landschaftlich ist die Strecke ohne besondere Reize, führt sie doch im gesamten Verlauf durch eine recht monotone Landschaft aus Wiesen und Feldern. Lediglich im Bereich Fallersleben–Wolfsburg wird ein dichteres durch Industrie (u.a. VW-Werk) geprägtes Gebiet gefahren. Der Zugverkehr ist sehr rege. Neben dem Intercity- und Regionalverkehr herrscht bis Fallersleben reger Güterverkehr.

BRAUNSCHWEIG HBF–FALLERSLEBEN (–STENDAL)

Die Strecke war bis in die 1990er-Jahre hinein eine Nebenbahn mit einer interessanten Geschichte, deren Ursprünge auf die Braunschweigische Landes-Eisenbahn zurückgehen. Sie erschloss das nördliche Braunschweiger Umland und gewann nach ersten Ausbaumaßnahmen in den 1930er-Jahren Bedeutung als Bindeglied zwischen den Industriestandorten Braunschweig und Wolfsburg und wurde infolgedessen 1938 verstaatlicht.

Im Zusammenhang mit dem Bau der Schnellfahrstrecke Hannover–Berlin wurde der südliche Teil zwischen Weddel und Groß Brunsrode völlig neu trassiert und die gesamte eingleisige nunmehr für eine Höchstgeschwindigkeit von 160 km/h zugelassene Strecke elektrifiziert.

Schöne Fotomotive findet man an vor allem im südlichen Bereich zwischen dem Betriebsbahnhof Lehre und dem Abzweig Weddel bei Braunschweig. Hier führt die Bahn durch eine leicht hügelige Landschaft mit mehreren Straßenbrücken, die sich sehr gut als Fotostandpunkt eignen. Der Zugverkehr ist ausgesprochen rege. Neben dem Berliner Fernverkehr werden stündlich Regionalbahnen über die Strecke geführt. Hinzu kommen Güterzüge und Lokleerfahrten. Bereits seit Jahren wird von verschiedenen Seiten ein zweigleisiger Ausbau dieser Verbindungsstrecke gefordert.

AUF EINEN BLICK

Kursbuchstrecke 301/349
Anbieter DB
Fahrzeuge 145, 152, 155, 185, 189, 294, 295, 401, 628, 648, Loks div. EVU
Streckenlänge 25 km

Mit 160 km/h jagt ein planmäßiger ICE nach Berlin über den Neubauabschnitt südlich von Lehre.

AUF EINEN BLICK

Kursbuchstrecke 305

Anbieter DB

Fahrzeuge 101, 112, 145, 151, 152, 155, 185, 189, 294, 295, 401, 402, 411, Loks div. EVU

Streckenlänge 55 km

UELZEN–SALZWEDEL (–STENDAL)

AMERIKALINIE

Die früher durchgehend zweigleisige Hauptbahn ist allgemein als „Amerikalinie“ bekannt. Diesen umgangssprachlichen Namen erhielt sie, weil zahlreiche Auswanderer aus den östlichen Teilen des Deutschen Reichs und Osteuropa über diese Strecke Bremerhaven erreichten, wo an der Columbuskaje Anschluss zu den Auswandererschiffen nach Amerika bestand. Mit der Grenzziehung wurde die von mehreren Schnellzügen und zahlreichen Ferngüterzügen befahrene Strecke bedeutungslos. Es erfolgte auf beiden Seiten der Grenze ein Rückbau auf eingleisigen Betrieb und die Umwandlung in Nebenbahnen.

Zwischen Uelzen und dem kurz vor der Grenze errichteten Bahnhof Nienbergen konnte sich der Reisezugverkehr bis 1974 halten, bevor Mitte der 1990er-Jahre auch der Güterverkehr endete. Nach der Wiedervereinigung wurde die Strecke eingleisig reaktiviert, auf eine Höchstgeschwindigkeit von 160 km/h ausgebaut und elektrifiziert.

Die Hauptbahn führt durch ein ausgesprochen dünn besiedeltes Gebiet ohne nennenswerte Industrie. Umgeben wird die vornehmlich von Regionalbahnen und Güterzügen befahrene Strecke von der heideähnlichen und teilweise hügeligen Landschaft des Oberen Drahwehn. Aufgrund der Tatsache, dass bei der Streckenreaktivierung ein umfangreicher Vegetationsrückschnitt erfolgt ist, hält sich der Bewuchs noch einigermaßen in Grenzen.

Ein umgeleiteter ICE nach Hamburg begegnet uns in der leicht hügeligen Landschaft des Oberen Drawehn bei Schnega.

Güterzug der Verkehrsbetriebe Peine-Salzgitter in Höhe der Brücke über den Mittellandkanal bei Peine.

HANNOVER HBF–BRAUNSCHWEIG HBF–HELMSTEDT (–MAGDEBURG)

Die dicht im Reise- und Güterzugverkehr befahrene Ost-West-Strecke verläuft außerhalb der Stadtgebiete von Hannover und Braunschweig weitgehend durch ländliche Räume. Schon 1844 ging der Abschnitt Hannover–Braunschweig in Betrieb, doch bevor der Weiterbau durch das hügelige Gebiet von Elm und Lappwald erfolgte, vergingen fast drei Jahrzehnte. Erst im Juli 1872 war Königslutter erreicht. Zweieinhalb Monate später lief der Verkehr durchgehend über Helmstedt bis Magdeburg.

Nach dem Zweiten Weltkrieg verlor die Strecke infolge der deutschen Teilung vorübergehend an Bedeutung, entwickelte sich später aber zu einem wichtigen Bindeglied mit der Stadt Berlin und der DDR. Dem regen Verkehr entsprechend erfolgte im Jahr 1976 auf westdeutscher Seite die Aufnahme des elektrischen Betriebes bis Helmstedt. Erst 1993 konnte auch zwischen Helmstedt und Magdeburg elektrisch gefahren werden.

Wer einen fotografischen Streifzug entlang der KBS 310 unternehmen möchte, der wird in der freien Landschaft schnell ein schönes Motiv entdecken. Weniger attraktiv hingegen ist ein Teil der inzwischen modernisierten Bahnhöfe, die zum Teil nur noch aus den Hauptgleisen bestehen. Lohnenswert sind die vielen Güterzüge, die rund um die Uhr über die stark befahrene Hauptbahn rollen. Neben durch DB Schenker traktionierte Güterzüge sind auch häufig private EVU anzutreffen. Nicht versäumt werden sollte ein Besuch in Peine, wo rund um das dortige Elektrostahlwerk reger Güterverkehr herrscht. Für den Verschub auf den weiträumigen Gleisanlagen sind die Verkehrsbetrieb Peine-Salzgitter (VPS) zuständig.

AUF EINEN BLICK

Kursbuchstrecke 310

Anbieter DB

Fahrzeuge 101, 143, 145, 146, 151, 152, 155, 185, 189, 218, 294, 295, 402, 424 Loks div. EVU

Streckenlänge 98 km

Highlights Straßenbrücke über den Güterbahnhof am Walzwerk Peine

Bis hierher und nicht weiter! In Schöppenstedt endet seit 2007 die früher bis Helmstedt weiterführende Strecke

(BRAUNSCHWEIG HBF–) WOLFENBÜTTEL–SCHÖPPENSTEDT

Die kurze Stichstrecke Wolfenbüttel–Schöppenstedt blickt auf eine bewegte Vergangenheit zurück. Einst war dieser bereits 1843 eröffnete Schienenweg Teil der ersten Fernbahn von Köln nach Berlin. Mit der Grenzziehung im Jahr 1945 ging das gesamte Hinterland verloren. Übrig blieb eine Eisenbahnlinie von Wolfenbüttel über den nun bedeutungslos gewordenen Eisenbahnknoten Jerxheim nach Helmstedt. Mit dem Fortschreiten des Braunkohlenbergbaus bei Helmstedt musste die Bahntrasse dem Abbau weichen. Eine Neutrassierung kam aufgrund der nur noch geringen Nutzung der Reisezüge und des fehlenden Güterverkehrs nicht mehr in Frage. Folglich wurde die Strecke im Jahr 2007 östlich von Schöppenstedt aufgegeben.

Auch wenn nur wenige Kilometer Gleis übrig geblieben sind, so lohnt sich dennoch ein Besuch. Nicht nur, dass sowohl in Wolfenbüttel wie auch in Schöppenstedt noch Formsignale stehen und auch in der freien Landschaft so mancher schöne Fotopunkt auf den Fotografen wartet. Einen Besuch wert ist auf jeden Fall auch die in Wendessen abzweigende Anschlussbahn zum Bergwerk Asse, die mehrmals im Jahr mit historischen Dampfzügen befahren wird. Sie verläuft auf der Trasse der ehemaligen Braunschweig-Schöninger Eisenbahn (BSE). Das Bergwerk Asse, das durch die problematische Einlagerung von Atommüll bekannt geworden ist, war jahrelang das Ziel von Zügen mit Verfüllstoffen zur Stabilisierung des Grubengebäudes. Nach gegenwärtiger politischer Beschlusslage wird das Bergwerk in den kommenden Jahren vollständig geräumt werden müssen. Somit ist erneut eine rege Nutzung der landschaftlich sehr schönen Anschlussbahn zu erwarten.

AUF EINEN BLICK

Kursbuchstrecke 312
Anbieter DB
Fahrzeuge 628, 648
Streckenlänge 17 km

HILDESHEIM HBF–GROSSGLEIDINGEN (–BRAUNSCHWEIG HBF)

AUF EINEN BLICK

Kursbuchstrecke 313
Anbieter DB
Fahrzeuge 143, 145, 151, 152, 155, 185, 189, 402, 402, Loks div. EVU
Streckenlänge 34 km

Der Eisenerzbergbau im Nordharzgebiet war einer der Auslöser für das Zustandekommen der etwa 35 km langen Hauptbahn von Hildesheim nach Groß Gleidingen bzw. Braunschweig. Doch größere Bedeutung erlangte die 1888 eröffnete Strecke zunächst nicht, zumal der Kopfbahnhof in Braunschweig die Entwicklung des Verkehrs auf der in Ost-West-Richtung verlaufenden Strecke ungünstig beeinflusste. Nach 1945 sorgte die innerdeutsche Grenze für einen deutlichen Rückgang vor allem des Güterverkehrs. Erst mit dem Bau der Schnellfahrstrecke Hannover–Würzburg wendete sich das Blatt. Ab 1991 fuhren erstmals IC-Züge von Frankfurt über Göttingen, Hildesheim, Braunschweig und Magdeburg nach Berlin und sorgten für eine deutlich stärkere Auslastung der seit 1976 elektrisch betriebenen und nach wie vor eingleisigen Strecke.

In den folgenden Jahren erwies sich der eingleisige Betrieb zunehmend als ein Problem, so dass der bereits 2003 beschlossene Ausbau der Strecke Löhne–Hameln–Hildesheim–Braunschweig zur Entlastung des Knotens Hannover ab Mitte 2009 in einer ersten Stufe zwischen Hildesheim und Braunschweig umgesetzt wurde. Neben den Fernreisezügen und dem Regionalverkehr nutzen nun zunehmend Güterzüge die inzwischen zweigleisige Strecke.

Landschaftlich gesehen hat die Hauptbahn keine Besonderheiten zu bieten. Sie führt in weiten Teilen durch eine ebene Ackerlandschaft mit wenigen kleineren Waldbeständen. Mit dem Streckenausbau haben nun auch die letzten bis dahin noch mit einem Fahrdienstleiter besetzten Bahnhöfe ausgedient.

Ein ICE nach Berlin eilt im Juli 2009 durch den inzwischen aufgelassenen Bahnhof Bettmar.

Leerzug zum Schotterwerk Bad Harzburg im September 2008 am Einfahrtsignal von Othfresen.

HILDESHEIM HBF–GOSLAR–BAD HARZBURG

AUF EINEN BLICK

Kursbuchstrecke 320

Anbieter DB, NordWestBahn

Fahrzeuge 218, 261, 612, 628, 648, LINT 41, VPS-Lokomotiven

Streckenlänge 64 km

Highlights Signalbrücke Bad Harzburg, Bahnhöfe Bad Harzburg, Derneburg, Goslar und Oker mit Formsignalen

Eine der schönsten Eisenbahnlinien des nordwestlichen Harzvorlandes verbindet Hildesheim mit Goslar und Bad Harzburg. Die noch weitgehend mit mechanischer Sicherungstechnik ausgestattete Strecke verläuft in weiten Abschnitten durch eine relativ ebene und vielfach nur dünn besiedelte Landschaft, die zuweilen durch kleine Hügelketten im Hintergrund aufgelockert wird. Bis in die 1960er-Jahre hinein spielten der Erzbergbau und die Verhüttung von Kupfer und Blei im nördlichen Harzvorland eine wichtige Rolle. Reste alter Fabriken findet man heute noch rund um Oker, wo auch so manche Schlackenhalde an vergangene Industriegeschichte erinnert.

Der Eisenbahnfotograf wird keine Mühe haben, schöne Fotomotive zu finden, denn es gibt sie nahezu im gesamten Verlauf der Strecke. Neben Landschaftsmotiven sind vor allem die Bahnhöfe einen Besuch wert. In Derneburg beispielsweise präsentiert sich das stattliche, aus der Anfangszeit der Bahn stammende und unter Denkmalschutz stehende Empfangsgebäude in aller

Pracht, während in Salzgitter-Ringelheim die weiträumige, von einer Straßenbrücke aus einsehbare Bahnhofsanlage die einstige Bedeutung der Eisenbahn im Harzvorland unterstreicht. In Goslar empfängt den Reisenden ein besonders prächtiges Bahnhofsgebäude, hingegen kann man in Bad Harzburg eine alte Signalbrücke in Funktion bewundern. Der Bahnhof Oker erinnert an die Zeit des Erzbergbaus mit dem ehemaligen Hüttenwerk im Hintergrund. All diese Bahnhöfe sind nach wie vor mit mechanischer Sicherungstechnik ausgestattet.

Ebenso interessant wie die Strecke ist der Zugverkehr, der im Grundangebot aus stündlich verkehrenden Regionalexpresszügen besteht. Eingesetzt werden im Wechsel lokbespannte Wendezüge mit der Baureihe 218 (noch bis Ende 2014) und

Regionalexpress nach Bad Harzburg im September 2012 am Einfahrtvorsignal des Bahnhofs Oker.

Triebwagen der Baureihe 612. Verdichtet wird das Reisezugangebot im Nordteil zwischen Hildesheim und Großdüngen durch die nach Bodenburg verkehrenden Regionalbahnen der NordWestBahn sowie zwischen Goslar und Bad Harzburg durch zusätzliche Regionalbahnen der Linie Bad Harzburg–Kreiensen. Im Güterverkehr wird vom Hildesheim über Großdüngen nach Bad Salzdetfurth gefahren und ein oder zwei Mal in der Woche Derneburg zwecks Güterwagenaustausch mit dem HAW-Werk in Bornum bedient. Schließlich verkehren täglich vier Zugpaare der Verkehrsbetriebe Peine-Salzgitter zwischen dem Hüttenwerk in Salzgitter und dem Grobblech-Walzwerk in Ilsenburg über den Streckenabschnitt Salzgitter-Ringelheim–Goslar–Oker (–Vienenburg), ferner gelegentliche Sondergüterzüge.

AUF EINEN BLICK

Kursbuchstrecke 349/351

Anbieter DB

Fahrzeuge 101, 120, 401, 402, 403

Streckenlänge 144 km

HANNOVER HBF / HILDESHEIM HBF–GÖTTINGEN–KASSEL-WILHELMSHÖHE

Der Abschnitt Hannover–Göttingen–Kassel-Wilhelmshöhe ist der nördliche Teil der insgesamt 327 km langen Hochgeschwindigkeitsstrecke von Hannover nach Würzburg. Der Entschluss zum Bau der Bahnlinie wurde 1977 durch den Vorstand der Deutschen Bundesbahn getroffen, um die weitgehend parallel verlaufende und dicht mit Reise- und Güterzügen belegte Nord-Süd-Strecke zwischen Hannover und dem Maintal zu entlasten und durch erheblich kürzere Reisezeiten neue Kunden im Fernverkehr zu gewinnen. Ursprünglich sollte die Inbetriebnahme der Neubaustrecke bereits 1985 erfolgen. Zwar war schon 1979 ein erster Teilabschnitt zwischen Hannover Bismarckstraße und Rethen (Leine) in Betrieb gegangen, doch die Eröffnung der gesamten Neubaustrecke konnte aus verschiedenen Gründen erst am 2. Juni 1991 vollzogen werden. Fast zeitgleich hatte Bundespräsident Richard von Weizsäcker am 29. Mai 1991 den mit ICEs durchgeführten Hochgeschwindigkeitsverkehr für offiziell eröffnet erklärt.

Die für eine Höchstgeschwindigkeit von 280 km/h ausgelegte Strecke verläuft ohne nennenswerte Steigungen vielfach weitab der Ortschaften. Die besonders südlich von Göttingen schwierige Topografie erforderte aufwändige landschaftsprägende Talbrücken und eine größere Zahl Tunnel von zum Teil erheblicher Länge. So verlaufen von den 44 Streckenkilometern zwischen Göttingen und Kassel-Wilhelmshöhe allein 21 km unter der Erde. Auch nördlich von Göttingen war das Auffahren einiger Tunnel erforderlich, doch wird die Strecke in diesem Bereich vorwiegend an der Tagesoberfläche geführt, wobei sie zwischen Göttingen bis nördlich von Northeim in mehr oder weniger großem Abstand von der alten Nord-Süd-Strecke begleitet wird. Tagsüber nutzen ausschließlich die Züge des Fernreiseverkehrs die Hochgeschwindigkeitsstrecke, während in den Nächten auch einige zumeist mit der Baureihe 120 bespannte Schnellgüterzüge über die neue Trasse geführt werden. Deren Anzahl ist jedoch in den letzten Jahren rückläufig.

Oft folgen die Güterzüge einander im Blockabstand. Von einer Brücke südlich des Bahnhofs Freden lässt sich der Bahnbetrieb im Leinetal gut beobachten.

HANNOVER HBF–KREIENSEN–GÖTTINGEN
LEINETALBAHN

Die 1853/54 eröffnete Bahnlinie von Hannover nach Göttingen ist nach wie vor eine der im Güterverkehr am stärksten befahrenen Strecken Deutschlands. Bis zur Eröffnung der parallel verlaufenden Neubaustrecke Hannover–Würzburg war sie zudem dicht mit Fernreisezügen belegt. Heute ist sie hauptsächlich dem Nahverkehr vorbehalten, wobei mit gelegentlichen Autoreisezügen auch eine Form des Fernverkehrs nach wie vor existent ist. Die Strecke verläuft durch das vor allem südlich von Nordstemmen landschaftlich schöne Leinetal, bevor sie sich nördlich von Northeim in nunmehr eher eintöniger Land-

AUF EINEN BLICK

Kursbuchstrecke 350

Anbieter DB, metronom Eisenbahngesellschaft mbH, NordWestBahn

Fahrzeuge 101, 145, 151, 152, 155, 185, 189, 218, 294, 295, 612, metronom 146, LINT 41, Loks div. EVU

Streckenlänge 108 km

schaft mit der Trasse der Hochgeschwindigkeitstrecke vereint.

Ein Teil der Bahnhöfe wirkt wenig einladend. Aufgelassene Ladestellen und stillgelegte, teilweise abgebaute Nebengleise sowie wild wucherndes Gestrüpp bestimmen vielfach das Bild. Lediglich in den Bahnsteigbereichen präsentieren sich die Bahnanlagen einigermaßen gepflegt, auch wenn man mit etwas weniger Beton sicher ähnliches erreicht hätte. Schöne Motive hingegen findet der Eisenbahnfotograf auf freier Strecke, sofern nicht dichtes Gesträuch an den Gleisen die freie Sicht behindert.

Die Nord-Süd-Strecke ist vor allem aber wegen ihres im Güterverkehrs sehr abwechslungsreichen Fahrzeugeinsatzes bei den Eisenbahnfreunden beliebt. Vor allem vor Containerzügen ist die Vielfalt der beteiligten Bahnunternehmen mit ihrem bunten Lokomotivpark besonders groß. Eingesetzt werden zumeist moderne Fahrzeuge, doch immer wieder sind auch altbrauchbare Maschinen mit von der Partie.

Bei Leiferde vereinigen sich die Strecken aus Bad Harzburg und Seesen. Auch der Zugverkehr nach Salzgitter-Lebenstedt läuft über diese Abzweigstelle.

(BRAUNSCHWEIG HBF–ABZW. LEIFERDE–) SALZGITTER-DRÜTTE–SALZGITTER-LEBENSTEDT

Die früher bis Derneburg führende Bahnlinie war einst Teil der Braunschweigischen Landeseisenbahn und wurde im Zusammenhang mit dem Aufbau der Reichswerke Salzgitter 1938 verstaatlicht. Nach dem Zweiten Weltkrieg wurde die Strecke zwischen Salzgitter-Drütte und Salzgitter-Lebenstedt neu trassiert, um neu entstandene Industriestandorte und neue Wohngebiete besser erschließen zu können. Der sich in Salzgitter-Lebenstedt anschließende Abschnitt bis Derneburg konnte von der Streckenverlegung allerdings kaum profitieren, da der Personenverkehr sich vorwiegend auf den Raum Braunschweig konzentrierte. Folglich wurde dieser Abschnitt 1984 stillgelegt und abgebaut. Somit blieb von der einstigen BLE-Stammstrecke nur der kurze Abschnitt Salzgitter-Drütte–Salzgitter-Lebenstedt erhalten, der ab Braunschweig Hbf an Werktagen im Zweistundentakt befahren wird. Sonntags ist das ohnehin spärliche Zugangebot zu bestimmten Tageszeiten sogar noch ausgedünnt.

Die kurze und noch mit klassischer Telefonfreileitung versehene Strecke tangiert das Hüttenwerk der Salzgitter AG unmittelbar am Südrand. Ihr folgt auf einem kurzen Abschnitt die Strecke der Verkehrsbetriebe Peine-Salzgitter zum Walzwerk Peine. Eine Verbindung zwischen den Bahnen besteht aber nicht. Die einzige verbliebene Weiche im Streckengleis liegt in Salzgitter-Watenstedt. Hier ist ein großes IKEA-Lager angeschlossen, das vormittags regelmäßig im Güterverkehr bedient wird.

AUF EINEN BLICK

Kursbuchstrecke 352
Anbieter DB
Fahrzeuge 294, 295, 628, 648
Streckenlänge 22 km

BRAUNSCHWEIG HBF–VIENENBURG/BAD HARZBURG

Die vom Herzogtum Braunschweig 1841 durchgehend in Betrieb genommene Eisenbahnstrecke zählt zu den ältesten in Deutschland und war zugleich die erste Staatsbahn auf deutschem Boden. Ihre frühere Bedeutung hat sie wie viele andere Eisenbahnlinien im Nordharzgebiet nach 1945 eingebüßt. Dennoch ist sie bis Vienenburg nach wie vor zweigleisig. Dort teilt sich die Strecke in zwei eingleisige Äste nach Bad Harzburg und Oker.

Den Eisenbahnfotografen erwarten hier einige interessante Motive wie beispielsweise die Abzweigstelle Leiferde, wo die ebenfalls zweigleisige Strecke in Richtung Seesen ausfädelt. Einen Besuch wert ist auch der Bahnhof Wolfenbüttel mit seinen Formsignalen und dem stattlichen altehrwürdigen Empfangsgebäude. In Vienenburg findet man das älteste noch erhaltene Bahnhofsgebäude Deutschlands aus dem Jahre 1840. Kaum jünger ist das ebenfalls aus der Anfangszeit der Bahn stammende Bahnhofsgebäude in Schladen. Auch in Schladen ist die mechanische Sicherungstechnik mit zwei schönen alten Stellwerken und Formsignalen bis heute erhal-

AUF EINEN BLICK

Kursbuchstrecke 353
Anbieter DB
Fahrzeuge 294, 295, 628, 648, Loks privater EVU
Streckenlänge 47 km
Highlights Bahnhof Bad Harzburg mit Formsignalbrücke, Bahnhöfe Schladen und Wolfenbüttel mit Formsignalen

ten geblieben. Formsignale findet man ferner in Bad Harzburg und Oker. In Bad Harzburg stehen sie auf einer markanten Signalbrücke, die heute zu den letzten erhaltenen in Deutschland zählt.

Leider ist die Strecke abschnittsweise stark zugewachsen und mitunter auch nur schwer zu erreichen. Neben stündlich verkehrenden Regionalbahnen verkehren montags bis freitags in den Vormittagsstunden ein Güterzugpaar von Braunschweig nach Oker sowie ebenfalls vormittags ein weiteres über den Abzweig Leiferde nach Salzgitter-Watenstedt. Relativ häufig sind Schotterzüge ab Bad Harzburg sowie gelegentlich auch Ganzzüge mit Rohholz zu beobachten, die zumeist von privaten EVU gefahren werden. Ebenso ist vor allem im Sommer mit Gesellschaftssonderzügen nach Bad Harzburg, Goslar oder in Richtung Wernigerode zu rechnen.

Das Bahnhofsgebäude in Vienenburg gilt als das älteste erhaltene in Deutschland. Ein Regionalexpress aus Halle (Saale) rollt an einem schönen Sommertag an den Bahnsteig.

KREIENSEN–BAD HARZBURG

Regionalexpress nach Hannover bei der Ausfahrt aus Bad Harzburg. Die markante Signalbrücke ist eine der letzten ihrer Bauart in Deutschland.

Die Bahnlinie von Kreiensen nach Bad Harzburg besteht aus mehreren Teilstrecken mit jeweils eigener Entstehungsgeschichte. Neben der Braunschweigischen und der Preußischen Staatsbahn waren auch private Eisenbahngesellschaften am Zustandekommen dieser Eisenbahnstrecke beteiligt. Zwischen Kreiensen und Oker wurde die später durchgehend zweigleisig ausgebaute Hauptbahn über einen relativ langen Zeitraum hinweg zwischen 1856 bis 1883 eröffnet, während das letzte Teilstück von Oker nach Bad Harzburg erst 1912 zur Ergänzung des Streckennetzes im Nordharzgebiet von der KPEV als Nebenbahn in Betrieb genommen wurde.

Die für den Ost-West-Verkehr über Vienenburg und Halberstadt bzw. Oschersleben wichtige Bahnlinie musste nach der deutschen Teilung einen erheblichen Bedeutungsverlust hinnehmen, der durch die noch lange Zeit recht aktive Montanindustrie des Nordharzgebietes ein wenig aufgefangen werden konnte. Vor allem rund um Goslar und Oker bestand bis in die 1960er-Jahre hinein noch reger Erzbergbau und eine nennenswerte Hüttenin-

AUF EINEN BLICK

Kursbuchstrecke 354

Anbieter DB

Fahrzeuge 294, 295, 628, 648; Loks priv. EVU

Streckenlänge 54 km

Highlights Bahnhof Bad Harzburg mit Formsignalbrücke, Bahnhöfe Bad Gandersheim, Goslar, Langelsheim, Oker und Seesen mit Formsignalen

dustrie. Geblieben sind davon bis heute nicht viel mehr als einige kleine Nachfolgebetriebe, die für den Bahnverkehr inzwischen nur noch von geringer Bedeutung sind.

Die weitgehend dem Nordharzrand folgende Bahnlinie dient heute vorwiegend dem Personennahverkehr. Somit ist von den teilweise recht umfangreichen Gleisanlagen in den Bahnhöfen nicht mehr viel geblieben, sofern sie nicht inzwischen vollständig verschwunden sind. Nur einmal werktäglich erreicht ein Güterzugpaar über Oker den Bahnhof Langelsheim. Dieser Bahnhof wird in unregelmäßigen Abständen aber auch von Kreiensen aus von der Ilmebahn im Rohholzverkehr angefahren. Zwischen Goslar und Oker (–Vienenburg) sind mehrmals täglich schwere Güterzüge der Verkehrsbetriebe Peine-Salzgitter anzutreffen, während ansonsten lediglich sporadisch Sonderleistungen im Bereich der Holz- und Baustofflogistik zu sehen sind.

Fotomotive findet der Eisenbahnfotograf nahezu im gesamten Verlauf der landschaftlich schönen Strecke. Auch die Bahnhöfe mit ihren zumeist mechanischen Stellwerken sind einen Besuch wert, auch wenn vielfach nur noch wenige Gleise verblieben sind. Besonders interessant ist der Bereich um Oker und Goslar mit den Überresten der früheren Hüttenindustrie sowie die Stadtpassage in Goslar.

Regionalbahn nach Ottbergen im April 2008 in der Nähe der Ortschaft Erbsen.

(OTTBERGEN–) BODENFELDE–GÖTTINGEN
SCHWÜLMETALBAHN

AUF EINEN BLICK

Kursbuchstrecke 356.1
Anbieter DB
Fahrzeuge 294, 648
Streckenlänge 37 km

Der Bau der Nebenbahn Göttingen–Bodenfelde war eine langwierige Angelegenheit, nachdem man sich wiederholt nicht über den Verlauf der Trasse einig werden konnte. Erst im August 1910 konnte der Bahnbetrieb aufgenommen werden. Schon nach kurzer Zeit erfüllten sich die in die Strecke gesetzten Erwartungen, denn sowohl der Durchgangsverkehr aus weiter westlich gelegenen Regionen zum Rangierbahnhof in Göttingen wie auch umfangreicher Schotterverkehr ab Adelebsen sorgten für eine gute Rentabilität. Dagegen war der Personenverkehr weniger ertragreich. Nach dem Zweiten Weltkrieg verlor die Strecke durch den zunehmenden Individualverkehr mehr und mehr an Bedeutung. Die Einbindung in den überregionalen Eilzugverkehr mit Zielen in Westdeutschland sorgte nur für eine vorübergehende Stabilisierung, so dass in den 1980er-Jahren sogar die Einstellung des Personenverkehrs erwogen wurde. Doch dazu kam es nicht.

Heute verkehren Regionalbahnen im Zweistundentakt mit einzelnen zusätzlichen Zügen während der Hauptverkehrszeiten. Der Gü-

Ein schwerer Schotterzug aus Adelebsen nähert sich im April 2008 einem nur durch Andreaskreuze gesicherten Bahnübergang bei Erbsen.

Ein Triebwagen der Baureihe 648 passiert das nach Umstellung auf ESTW-Technik inzwischen nicht mehr benötigte Stellwerk in Lauenförde.

terverkehr beschränkt sich auf den Basalt- und Holzversand ab Bahnhof Adelebsen über Göttingen. Ab Ende 2013 wird die NordWestBahn bei gleichzeitiger Einführung des Stundentaktes den Betrieb übernehmen.

Die Strecke führt durch das landschaftlich schöne Schwülmetal mit vielen Fotomöglichkeiten. Leider behindert vielerorts starker Bewuchs die freie Sicht auf Bahn und Landschaft. Einziger Unterwegsbahnhof ist heute Adelebsen, alle anderen wurden zu Haltepunkten oder sogar aufgelassen. Die ehemaligen Bahnhofsgebäude befinden sich zumeist in Privatbesitz und wirken recht gepflegt. Die Formsignale sind 2008 mit der Inbetriebnahme des ESTW in Göttingen verschwunden. Mit der neuen Technik wurde in weiten Bereichen der Strecke ein etwas störend wirkender aufgeständerter Kabelkanal installiert.

OTTBERGEN–NORTHEIM
SOLLINGBAHN

Die 1878 eröffnete Bahnlinie war bis zur deutschen Teilung dicht mit Ferngüterzügen belegt, während der Reisezugverkehr lediglich lokale Bedeutung hatte. Erst ab den 1930er-Jahren nutzten auch einige Fernreisezüge die durchweg zweigleisig ausgebaute Strecke. Mit der Grenzziehung im Jahr 1945 verlor die Sollingbahn schlagartig an Bedeutung. Nur ein geringer Teil des Ferngüterverkehrs blieb erhalten. Da anfangs noch von einer baldigen Wiedervereinigung beider deutschen Staaten ausgegangen wurde, blieb die Strecke von Rückbauten bis auf weiteres verschont. Erst in den 1980er-Jahren erfolgte mit dem Verlust des restli-

AUF EINEN BLICK

Kursbuchstrecke 356.2

Anbieter DB

Fahrzeuge 648, Loks privater EVU

Streckenlänge 64 km

Highlights Weserbrücke bei Wehrden, Streckenverlauf bei Bad Karlshafen mit Hannoverschen Klippen

Die Weserbrücke bei Wehrden ist ein Provisorium aus der Zeit nach dem Zweiten Weltkrieg.

chen Durchgangsgüterverkehrs die Umstellung auf eingleisige Betriebsführung und die Umwandlung mehrerer Bahnhöfe in Haltepunkte. Zeitweise sah es sogar ganz so aus, als könnte der Abschnitt Bodenfelde–Northeim eines Tages möglichweise sogar stillgelegt werden. Inzwischen scheint der Fortbestand der Strecke gesichert, nachdem neben einer umfangreichen Oberbauerneuerung 2008 ein elektronisches Stellwerk realisiert wurde.

Die Strecke ist eine der landschaftlich schönsten in Niedersachsen. Dem Eisenbahnfotografen besonders zu empfehlen ist die Stahlbrücke über die Weser bei Wehrden, ein Provisorium, das noch aus der Nachkriegszeit stammt. Zwischen Würgassen und Bad Karlshafen verläuft das Gleis unmittelbar entlang des Weserufers mit den markanten Hannoverschen Klippen im Hintergrund. Östlich von Uslar folgt der Anstieg auf die Höhen des Sollings, bevor die Strecke hinter den Ertinghäuser Scheiteltunnel mit weniger starker Neigung hinunter ins Leinetal führt und schließlich Northeim erreicht. Verblieben ist auf der Strecke lediglich der regionale Reiseverkehr und gelegentlicher Güterverkehr privater Verkehrsunternehmen. Dabei handelt es sich unter anderem um Ganzzüge mit Rohholz, die in Bodenfelde beladen werden.

NORTHEIM–HERZBERG–WALKENRIED (–NORDHAUSEN)
SÜDHARZBAHN

AUF EINEN BLICK

Kursbuchstrecke 357

Anbieter DB

Fahrzeuge 648, 294, Loks div. EVU

Streckenlänge 50 km

Highlights Streckenführung Bad Sachsa-Walkenried durch den Sachsenstein, Bahnhöfe Herzberg, Niedersachswerfen, Scharzfeld und Woffleben mit Formsignalen

Die Südharzbahn hatte wie die meisten Hautbahnen im Harz-Weser-Gebiet bis zum Ende des Zweiten Weltkriegs große Bedeutung im Ost-West-Güterverkehr. 1945 wurde die Strecke infolge der Grenzziehung zwischen Walkenried und Ellrich vorübergehend unterbrochen, dann aber für den Güterverkehr erneut in Betrieb genommen. Die Anzahl der Züge erreichte allerdings nun bei weiten nicht mehr den Umfang der Vorkriegszeit. Mit der Grenzöffnung im Jahr 1989 kam nach fast 45-jähriger Unterbrechung auch der durchgehende Reisezugverkehr zwischen Northeim und Nordhausen wieder in Gang, während der Güterverkehr heute kaum noch eine Rolle spielt und sich auf die Bahnhöfe Herzberg, Niedersachswerfen und Scharzfeld beschränkt. Auch das Güterwagenausbesserungswerk in Woffleben wird noch regelmäßig bedient. Hinzu kommen sporadische Sonderleistungen zumeist privater EVU auch über die Gesamtstrecke.

Der Eisenbahnfotograf kommt vor allem östlich von Scharzfeld auf seine Kosten, da die zwischen Northeim und Walkenried nach wie vor zweigleisige Strecke hier die südlichen Ausläufer des Harzes erreicht. Zu den interessanten Abschnitten zählt der „Sachsenstein" zwischen Bad Sachsa und Walkenried. Das Gipsgebirge aus brüchigem Werranhydrit sorgt hier immer wieder für Probleme mit der Gleislage.

Schon seit Jahren besteht hier eine Begrenzung der Streckenhöchstgeschwindigkeit auf nur noch

30 km/h, zudem wird die Gleislage ständig elektronisch überwacht. Wiederholt wurde eine Generalsanierung dieses Abschnitts diskutiert, doch dazu kam es aus Kostengründen bisher nicht.

Die Bahnhöfe Herzberg, Niedersachswerfen, Scharzfeld und Woffleben verfügen noch über Formsignale. Auch in Wulften ist die alte Technik nach wie vor im Einsatz, doch wurde der dortige Bahnhof schon vor einigen Jahren in eine Blockstelle zurückgestuft. Eine Umstellung auf ein elektronisches Stellwerk ist in Planung.

Das brüchige Gipsgebirge behindert den Eisenbahnverkehr am Sachsenstein westlich von Walkenried. Schon seit Jahren besteht hier eine ständige Langsamfahrstelle.

AUF EINEN BLICK

Kursbuchstrecke 358

Anbieter DB

Fahrzeuge 294, 295, 628, 648, VPS-Lokomotiven

Streckenlänge 39 km

Highlights Bahnhöfe Salzgitter Bad und Salzgitter-Ringelheim mit Formsignalen

(BRAUNSCHWEIG HBF–) ABZW. LEIFERDE–NEUEKRUG-HAHAUSEN (–SEESEN)

Das Kernstück dieser heute teilweise nur noch eingleisigen Strecke ist die 1856 eröffnete Braunschweigische Südbahn, die Kreiensen über Seesen und Salzgitter-Ringelheim mit Börßum verband. Mit dem Bau der Reichswerke Salzgitter und des Volkswagenwerks in Wolfsburg Ende der 1930er-Jahre stieg das Güterverkehrsaufkommen im Großraum Braunschweig dermaßen an, dass der Bau einer neuen leistungsfähigen Eisenbahnverbindung nach Süden unumgänglich wurde. Folglich wurde die Realisierung einer Verbindungsstrecke zwischen Braunschweig (Abzw. Leiferde) und Salzgitter Bad beschlossen; aufgrund der Ereignisse des Zweiten Weltkriegs konnte sie aber nur zwischen Leiferde und Salzgitter-Drütte fertiggestellt werden.

Nach 1945 verlagerten sich die Verkehrsströme infolge der deutschen Teilung in die Nord-Süd-Richtung, so dass die Deutsche Bundesbahn bis 1954 den noch fehlenden Abschnitt Salzgitter-Drütte–Salzgitter Bad fertigstellte, jedoch nur eingleisig. Doch der erhoffte

Der werktägliche Güterzug Münchehof–Braunschweig passiert die Brücke einer früheren Zechenbahn bei Salzgitter Bad.

Verkehr über die Neubaustrecke blieb hinter den Erwartungen zurück. In den 1970er-Jahren entfiel nahezu der gesamte Güterverkehr, zeitweise wollte die Deutsche Bundesbahn die Hauptbahn sogar stilllegen. Inzwischen scheint der Fortbestand der weitgehend vom Personennahverkehr geprägten Strecke langfristig gesichert zu sein.

Relativ dichter Reisezugverkehr herrscht zwischen Braunschweig und dem Abzweig Leiferde. Weiter südlich bis Salzgitter-Drütte wird die landschaftlich schöne und in diesem Bereich zweigleisige Strecke von den beiden Regionalbahnlinien nach Seesen und Salzgitter-Lebenstadt befahren, während bis Neuekrug-Hahausen lediglich ein Reisezug in beiden Richtungen je Stunde unterwegs ist. Zwischen Braunschweig und Salzgitter-Drütte verkehren noch je ein Güterzugpaar nach Münchehof (über Seesen) und Salzgitter-Watenstedt, während der Abschnitt Salzgitter Bad–Salzgitter-Ringelheim planmäßig von vier Güterzugpaaren der VPS nach Ilsenburg genutzt wird.

Der Eisenbahnfotograf findet zahlreiche schöne Fotomotive. Neben den noch mit Formsignalen ausgestatteten Bahnhöfen Salzgitter Bad und Salzgitter-Ringelheim bietet sich die Brücke einer früheren Erzbahn westlich von Salzgitter Bad an, ferner die Abzweigstelle Lei-

Regionalbahn nach Seesen im Herbst 2010 westlich des Bahnhofs Salzgitter Ringelheim. Rechts die beiden Gleise der Strecke Hildesheim–Goslar.

ferde und die zahlreichen Straßenüberführungen zwischen Leiferde und Salzgitter-Bad. Rund um Lutter und Wallmoden lassen sich die Züge sehr gut in der freien Landschaft aufs Bild bekommen. Die frühere Südbahnstrecke zwischen Salzgitter Bad und Börßum blieb als Museumsbahn erhalten und wird an bestimmten Tagen von Zügen der „Interessengemeinschaft 41 096" befahren.

SEESEN–HERZBERG

Die in Nord-Süd-Richtung verlaufende Bahnstrecke ist vor allem auf Betreiben der Stadt Osterode gebaut worden, nachdem man sich dort jahrelang erfolglos um den Anschluss an das Netz der Hanno-

Eine Regionalbahn nach Braunschweig rollt im Herbst 2010 in Münchehof an den Bahnsteig. Die Anlagen für den Güterverkehr befinden sich hinter dem Stellwerk.

verschen Staatsbahn – u.a. an die Südharzbahn – bemüht hatte. Mit dem Krieg von 1866 wurde das Königreich Hannover von Preußen annektiert und damit der Weg frei für neue Eisenbahnprojekte, darunter eine Hauptbahn von Seesen über Osterrode nach Herzberg, die bis 1871 fertig gestellt werden konnte.

Überregionale Bedeutung gewann die Strecke lediglich für den Kaliexport aus dem thüringischen Revier zu den norddeutschen Seehäfen, bevor die innerdeutsche Teilung die Strecke nach 1945 mehr und mehr ins Abseits drängte. Bis auf ein Güterzugpaar Seesen–Münchehof verkehren hier heute ausschließlich Regionalbahnen im Stundentakt. Freie Trassen für Sonderzüge stehen nicht mehr zur Verfügung, nachdem man den Bahnhof Osterode aufgehoben hat.

Landschaftlich gesehen ist die Strecke abschnittsweise recht fotogen, vor allem nördlich von Osterode. Weiter südlich führt die Bahn vielfach durch größere Waldgebiete. Sehenswert ist der Bahnhof Münchehof mit seinen zahlreichen Formsignalen, die auch noch in Gittelde anzutreffen sind.

AUF EINEN BLICK

Kursbuchstrecke 358

Anbieter DB

Fahrzeuge 648, 294, 295

Streckenlänge 42 km

Highlight Bahnhöfe Gittelde, Herzberg, Münchehof und Seesen mit Formsignalen

Der „Formsignalwald" in Münchehof mit rangierender Lok der Baureihe 294.

S-BAHNNETZ HANNOVER

AUF EINEN BLICK

Kursbuchstrecke 360.1-7
Anbieter DB
Fahrzeuge 424, 425
Streckenlänge 385 km

Die pünktlich zur Weltausstellung EXPO 2000 ins Leben gerufene S-Bahn Hannover reicht ausgehend von der niedersächsischen Landeshauptstadt bis weit ins Umland. Sogar das nordrhein-westfälische Minden ist angebunden. Das in späteren Jahren weiter ausgebaute S-Bahnsystem nutzt traditionelle Strecken, die teilweise in der Anfangszeit der Eisenbahn in Deutschland entstanden sind. Neben der landschaftlich schönen Linie S 5 nach Paderborn mit dem Rehbergtunnel

S-Bahn nach Lehrte bei der Einfahrt in die ansprechend gestaltete Station Otze.

und den beiden Viadukten bei Altenbeken und Neuenbeken ist besonders die Linie S 2 in Richtung Nienburg einen Besuch wert. Eine Vielzahl von Güter- und Reisezügen muss sich hier die beiden Streckengleise mit der S-Bahn teilen. Oft folgt hier in beiden Richtungen ein Zug dem anderen. Andere Linien hingegen, wie die S 2 zwischen Haste und Weetzen oder die S 4 auf der Heidebahn nach Bennemühlen, präsentieren sich abschnittsweise eher nebenbahnähnlich. Auf der Linie S 2 entlang dem Deister findet man sogar noch unbeschrankte Bahnübergänge. Aufgrund technischer Probleme mussten während der Weltausstellung zunächst Münchener S-Bahn-Triebwagen der Baureihe 423 die eigentlich für Hannover vorgesehene Baureihe 424 vertreten. Mit der Ausweitung des Netzes werden nun auch Triebwagen der Baureihe 425.2 eingesetzt.

S-Bahnzug auf der Strecke Celle–Lehrte im weitgehend abgeräumten Bahnhof Burgdorf.

Diese S-Bahnstrecken werden derzeit im Raum Hannover betrieben:

S1	Minden–Haste–Hannover–Weetzen–Haste
S2	Nienburg–Hannover–Weetzen–Bad Nenndorf–Haste
S3	Hannover–Lehrte–Hildesheim
S4	Bennemühlen–Hannover–Sarstedt–Hildesheim
S5	Hannover Flughafen–Hannover–Weetzen–Hameln–Altenbeken–Paderborn
S6 / S7	Celle–Burgdorf–Hannover

Umgeleiteter Containerzug in Richtung Kassel im Oktober 2010 bei Himmighausen.

HANNOVER HBF–HAMELN–ALTENBEKEN

Eine landschaftlich schöne und abwechslungsreich trassierte Hauptbahn führt von Hannover über Hameln nach Altenbeken und ist eng mit dem „Eisenbahnkönig" Bethel Henry Strousberg verbunden. Er gründete unter anderem die Hannover-Altenbekener Eisenbahn (HAE), die jedoch bereits im Eröffnungsjahr 1872 in finanzielle Schieflage geriet. Noch im selben Jahr übernahm die Magdeburg-Halberstädter Eisenbahn (MHE) den Betrieb, bevor die Strecke 1879 an den Staat Preußen fiel.

Die bis zum Zweiten Weltkrieg nur mäßig ausgelastete Strecke musste nach 1945 einen bedeutenden Teil des durch die Grenzziehung zwischen Ost und West stark zugenommen Nord-Süd-Güterverkehrs zur Entlastung der Strecke Hannover–Göttingen–Eichenberg aufnehmen. Erst als die Neubaustrecke Hannover–Würzburg Anfang der 1990er-Jahre eine Entlastung der alten Hannoverschen Südbahn ermöglichte, wurde ein großer Teil der Güterzüge wieder auf die frühere Route durch das Leinetal zurückverlegt. Heute verkehren planmäßig nur noch wenige Güterzüge über Hameln–Altenbeken. Dafür ist die Anzahl der Reisezüge mit Eröffnung der S-Bahn Hannover größer geworden. Fernreisezugverkehr besteht allerdings seit Jahren hier nicht mehr. Der Eisenbahnfotograf findet zahlreiche gute Motive, angefangen von der alten Zuckerfabrik neben den Gleisen in Weetze über den Talblick vom Süllberg bei Benningsen und die Region um Bad Münder und Springe bis hin zum Betriebsbahnhof Himmighausen, der sich von den umliegenden Hängen gut fotografieren lässt. Bedeutendstes Ingenieurbauwerk ist der Altenbekener Tunnel.

AUF EINEN BLICK

Kursbuchstrecke 363

Anbieter DB

Fahrzeuge 145, 151, 152, 155, 185, 189, 294, 424, 425, Loks div. EVU

Streckenlänge 111 km

Highlights Weserbrücke bei Emmerthal, Trennungsbahnhof

MINDEN–WUNSTORF–HANNOVER HBF

Eine der am dichtesten befahrenen Zulaufstrecken zum Knoten Hannover ist die Verbindung von Minden nach Hannover. Die 1847 zeitgleich mit der Cöln-Mindener Eisenbahn (CME) eröffnete Hauptbahn entwickelte sich rasch zu einer der wichtigsten deutschen Bahnlinien. Auch wenn die Strecke durch eher unspektakuläre flache Landschaft führt, sind gute Fotostellen durchaus vorhanden. Neben etlichen Straßenbrücken, deren Zufahrtsrampen häufig einen freien Blick auf die Bahn ohne störende Oberleitung ermöglichen, führen viele Wirtschaftswege entlang der Bahn. Betrieblich interessant ist die Strecke östlich von Wunstorf, da hier neben den in Richtung Minden fahrenden oder von dort kommenden Zügen auch noch der gesamte Verkehr aus den Räumen Bremen und Bremerhaven abgewickelt werden muss. Zu manchen Tageszeiten folgt hier zur Freude der Eisenbahnfotografen ein Zug nach dem anderen.

Neben Streckenmotiven findet man auch den einen oder anderen interessanten Bahnhof, wie Bückeburg, Minden oder Stadthagen. Einen Besuch wert ist vor allem aber der Rangierbahnhof Seelze, den eine Fußgängerbrücke in gesamter Breite überspannt. Ab Seelze führt eine Güterumgehungsbahn durch den Süden Hannovers über Hannover-Linden nach Lehrte. Hier ist der Verkehr mitunter so dicht, das viele Lokführer sie nicht Güterumgehungsbahn Hannover nennen, sondern „Güterschleichbahn" Hannover.

AUF EINEN BLICK

Kursbuchstrecke 370

Anbieter DB

Fahrzeuge 101, 120, 145, 146, 151, 152, 155, 185, 189, 401, 402, 403, 424, 425, Loks div. EVU

Streckenlänge 64 km

Highlights Rangierbahnhof Seelze

Reger Güterverkehr bestimmt den Betrieb auf der Ost-West-Magistrale, die inzwischen für weiteren Verkehr kaum noch aufnahmefähig ist (Juni 2012).

Das Steinkohlenkraftwerk in Veltheim wird regelmäßig über den Bahnhof Löhne (Westf) mit Kohle versorgt. Im Oktober 2011 überquert ein Kohlenzug die Weser bei Uffeln.

LÖHNE (WESTF)–HAMELN–ELZE (HAN)–NORDSTEMMEN–HILDESHEIM HBF

WESERBAHN

Die Strecke besteht aus drei Teilabschnitten. Der landschaftlich schönste ist die heute nur noch eingleisige Wesertalbahn zwischen Löhne und Hameln. Hier verläuft die Trasse vielfach in Wesernähe und überquert den Strom östlich von Vlotho auf einer filigranen Eisengitterbrücke. Rechts und links des Flusstals erheben sich sanft die Höhenzüge des Wesergebirges. Von hier aus hat man einen weiten Blick ins Tal und auf die Bahn. Planmäßiger Güterverkehr mit Steinkohle (bis zu drei Zugpaare) besteht noch zwischen Löhne und dem Gemeinschaftskraftwerk Veltheim, während das Bild ansonsten von stündlich verkehrenden Regionalbahnen der NordWestBahn geprägt wird.

Der nun folgende, ebenfalls nur noch eingleisige Abschnitt zwischen Hameln und Elze (Han) bildet den Übergang zwischen dem Weser- und dem Leinetal. Die Rampe aus dem Wesertal heraus nach Coppenbrügge war zu Zeiten des Dampfbetriebes gefürchtet und ließ nur begrenzte Zuglasten zu. Leider behindert besonders hier vielfach dichter Bewuchs den Blick auf die Bahn, die im Güterverkehr noch regelmäßig zwischen Elze (Han) und Voldagsen befahren wird. Dort zweigt ein Reststück der früheren Kleinbahn Voldagsen–Duingen–Delligsen ab, das heute in Höhe des Dolomitwerks Salzhemmendorf endet. Die Bedienung des Werks erfolgt montags bis samstags

AUF EINEN BLICK

Kursbuchstrecke 372

Anbieter NordWestBahn

Fahrzeuge 261, 294, 295, LINT 41, Loks div. EVU

Streckenlänge 100 km

in den Vormittagsstunden durch die Deutsche Bahn. Häufig sieht man in Voldagsen aber auch Züge privater EVU.

Der Abschnitt Elze–Nordstemmen–Hildesheim hingegen ist zweigleisig. Während zwischen Elze (Han) und Nordstemmen die sehr dicht befahrene Leinetalbahn mitgenutzt wird, ist der Abschnitt bis Hildesheim in den ICE-Verkehr nach Berlin mit eingebunden. Seit Jahren wird ein Ausbau der Gesamtstrecke Löhne–Elze (Han)–Hildesheim–Braunschweig zur Entlastung der Magistrale über Minden–Hannover diskutiert. Nachdem der Ausbau des Abschnitts Hildesheim–Braunschweig inzwischen vollendet ist, haben die Ausbaupläne im Wesertal neue Nahrung erhalten.

(HILDESHEIM HBF–) GROSSDÜNGEN–BODENBURG

LAMMETALBAHN

AUF EINEN BLICK

Kursbuchstrecke 373
Anbieter NordWestBahn
Fahrzeuge LINT 41, 261
Streckenlänge 9 km

Die südöstlich von Hildesheim gelegene Lammetalbahn Groß Düngen–Bodenburg ist der verbliebene Rest einer früher über Bodenburg hinaus führenden Nebenbahn nach Bad Gandersheim. Die landschaftlich schöne Strecke in hügeligem Umfeld weist neben dem Reisezugverkehr nach wie vor Güterverkehr auf. Auf dem Gelände des stillge-

Regionalbahn nach Bodenburg südlich der Ortschaft Wesseln.

legten Kalibergwerks in Bad Salzdetfurth hat sich ein Hersteller von Katzenstreu niedergelassen, der die früheren Aufbereitungsanlagen als Produktionsstätte nutzt. Vor allem der Warenausgang mit Fertigprodukten in Schiebewandwagen ist von Bedeutung. Im Wareneingang benötigte Lauge wird an bestimmten Tagen per Kesselwagen angeliefert. Gute Motive findet der Eisenbahnfreund vor allem südlich der Ortschaft Wesseln, wo sich von einem langgestreckten Hang aus auch lange Züge fotografieren lassen. Im Reisezugverkehr ist die NordWestBahn mit Triebwagen vom Typ LINT 41 aus dem Fahrzeugpool des Landes Niedersachsen aktiv. Die Strecke endet heute nördlich des stillgelegten Bahnhofs Bodenburg an einem neu errichteten Haltepunkt. Der Bahnhof Bodenburg und die hier abzweigende Strecke nach Almstedt-Segeste befinden sich im Besitz des Vereins „Historische Almetalbahn e.V.“, der hier eine Museumsbahn einrichten möchte. Mit der vorbildlichen Restaurierung des Bahnhofs Almstedt-Segeste und dem wieder instandgesetzten Streckenstück bis Segeste Grillplatz ist bereits ein erster Schritt in diese Richtung getan.

Die Allerbrücke südlich von Verden (Aller) ist das größte und bekannteste Ingenieurbauwerk der Strecke. Sie wird in den kommenden Jahren durch einen Neubau ersetzt (April 2010).

(HANNOVER HBF–) WUNSTORF–BREMEN HBF

Die Hauptbahn zählt zu dem am stärksten befahrenen Eisenbahnlinien in Deutschland und hat wesentlichen Anteil am Hinterlandverkehr der norddeutschen Seehäfen, namentlich Bremerhaven. Der äußerst rege Güterverkehr ist spannend und abwechslungsreich zugleich und rollt in etwas geringerem Umfang auch an Wochenenden. Sehr vielfältig ist auch der Reisezugverkehr. Hier reicht das Angebot vom S-Bahn-Betrieb rund um die Städte Bremen und Hannover bis zum hochwertigen ICE-Verkehr. Die Strecke führt in weiten Teilen durch eine sehr beschauliche dünn besiedelte Landschaft, wobei abschnittsweise auch größere Waldgebiete durchfahren werden. Die meisten Bahnhöfe sind in der Vergangenheit den heutigen Anforderungen angepasst worden und haben den Ortsgüterverkehr verloren. Größere Bedeutung hat neben den Bahnhöfen Nienburg und Verden (Aller) noch

AUF EINEN BLICK

Kursbuchstrecke 380

Anbieter DB, NordWestBahn

Fahrzeuge 101, 120, 145, 146, 151, 152, 155, 185, 189, 294, 401, 402, 403, 411, Coradia Continental, Loks div. EVU

Streckenlänge 101 km

Highlights Allerbrücke bei Verden, Hauptbahnhof Bremen mit sehenswerter Bahnhofshalle

der Bahnhof Eystrup, wo einerseits die Verkehrsbetriebe der Grafschaft Hoya (VGH) für nennenswerten Übergangsverkehr zu einem Unternehmen der Papierindustrie sorgen, andererseits ein bekanntes Gleisbauunternehmen Gleise zum Abstellen von Bauzügen angemietet hat. Das Unternehmen mit Sitz in Nienburg hat u. a. einige ehemalige DB-Lokomotiven der Baureihen 211, 212 und 216 im Bestand.

AUF EINEN BLICK

Kursbuchstrecke 385

Anbieter DB, NordWest-Bahn, Westfalenbahn

Fahrzeuge 101, 120, 145, 146, 151, 152, 155, 185, 189, 232, 294, 401, 402, Flirt, Coradia Continental, Loks div. EVU

Streckenlänge 173 km

Highlights Weserbrücke bei Dreye, Hauptbahnhof Bremen mit sehenswerter Bahnhofshalle

BREMEN HBF–OSNABRÜCK–MÜNSTER (WESTF)

Der Name „Rollbahn“ hat bei den Eisenbahnfreunden einen ganz besonderen Klang. Gemeint ist die Bahnlinie von Hamburg über Bremen und Osnabrück ins Ruhrgebiet, auf der in früheren Jahren rund um die Uhr vor allem Güterzüge rollten. Die Zeiten, als die Bahnschranken mehr geschlossen als geöffnet waren, sind vorbei. Es ist ruhiger geworden, zumal kaum noch ein Bahnhof in Norddeutschland Abfertigungsbefugnisse für Wagenladungen besitzt. Heute dominiert der Reisezugverkehr, doch ist inzwischen auch wieder eine Zunahme des Güterverkehrs zu beobachten.

Landschaftlich gesehen ist die elektrifizierte Hauptbahn in weiten Teilen wenig spektakulär, zumal vielfach dichter Bewuchs die Trasse begleitet. Dennoch gibt es einige interessante Abschnitte, wie etwa die

Regionalexpress nach Bremerhaven im Oktober 2009 südlich von Diepholz.

Überquerung des Wiehengebirges nördlich von Osnabrück oder die Überquerung der Weser bei Dreye auf einer sehenswerten Stahlbrücke. Lohnenswert ist auch ein Besuch des Abschnitts Osnabrück–Lengerich mit dem 581 Meter langen Lengericher Tunnel. Hier erfolgt der Übergang ins flache Münsterland.

Der Verkehr ist ausgesprochen vielfältig, zumal immer wieder mit Überraschungen zu rechnen ist. In Fernreiseverkehr hat sich neben dem bisherigen Monopolisten Deutsche Bahn inzwischen ein privates Unternehmen etabliert, das unter dem Namen „Hamburg-Köln-Express" (HKX) mit günstigen Angeboten in den Wettbewerb eingetreten ist. Auch im Güterverkehr sind verschiedene private Mitbewerber aktiv, u.a. das schwedische Unternehmen Hector Rail mit Container- und KLV-Zügen und das Unternehmen Captrain mit seinen Tochterunternehmen.

BREMEN HBF–DELMENHORST–HUDE–OLDENBURG–LEER

Die nördlichste überregionale Ost-West-Verbindung Ostfrieslands verbindet Bremen mit Leer. Historisch wie betrieblich war und ist die Strecke zweigeteilt. Zwischen Oldenburg und Bremen erfolgte die Eröffnung 1867, zwischen Oldenburg und Leer 1869. Während zwischen Oldenburg und Bremen der Fahrdraht bereits ab 1980 zur Verfügung

Regionalexpress auf der Brücke über den Nordgeorgsfehner Kanal.

AUF EINEN BLICK

Kursbuchstrecke 390

Anbieter DB, NordWestBahn

Fahrzeuge 101, 111, 145, 146, 151, 152, 155, 185, 189, 225, 232, 294, 295, Coradia Continental, LINT 41, Loks div. EVU

Streckenlänge 99 km

Highlights Hubbrücke über die Hunte in Oldenburg

stand, wurde das Reststück bis Leer erst 1992 elektrifiziert.

Neben dem Regionalverkehr nutzen auch Fernreisezüge die Strecke, die teilweise über Leer hinaus bis Norddeich Mole durchlaufen. Der Güterverkehr hingegen beschränkt sich weitgehend auf den zweigleisigen Abschnitt Bremen–Oldenburg. In Oldenburg schließt die Strecke nach Wilhelmshaven mit dem neuen Jade-Weser-Tiefseehafen an, der in den kommenden Jahren eine deutliche Steigerung des Güterverkehrs im Raum Oldenburg / Bremen erwarten lässt. Möglicherweise wird eines Tages auch der Abschnitt Oldenburg–Leer ein zweites Gleis erhalten, um den Knoten Bremen vom Güterverkehr zu entlasten.

Der Eisenbahnfotograf wird keine große Mühe haben, geeignete Fotopunkte zu finden. Neben Landschaftsmotiven gibt es auch einige interessante Bahnhöfe, die einen Besuch lohnen. Augustfehn, Nortmoor und Stickhausen-Velde sind sogar noch mit Formsignalen ausgestattet. Sehenswert sind auch die Hunte-Hubbrücke in Oldenburg, die Bahnsteighalle in Oldenburg, der Bahnhof Ocholt-Westerstede mit dem dortigen Depot der Museumsbahn Ammerland-Saterland (MAS) und die Brücke über den Nordgeorgsfehner Kanal zwischen Filsum und Stickhausen-Velde.

HUDE–NORDENHAM
UNTERWESERBAHN

Nach Eröffnung Bremerhavens als neuen versandungsfreien Hochseeumschlagplatz der Stadt Bremen entschloss sich das Großherzogtum Oldenburg zur Anlage eines ähnlichen Hafens in Brake an der Unterweser. 1873 erhielt Brake von Hude aus Anschluss an das Eisenbahnnetz. 1875 wurde die Strecke bis Nordenham und 1905 schließlich bis Blexen verlängert. Heute endet der Reisezugverkehr in Nordenham. Von dort bis zur Friedrich-August-Hütte findet noch Güterverkehr statt, während das Reststück bis Blexen seit 1998 für den Gesamtverkehr stillgelegt ist. Neben dem regionalen Personenverkehr dient die elektrifizierte und größtenteils eingleisige Hauptbahn heute vor allem dem Güterverkehr der Weserhäfen in Brake und Nordenham sowie dem Regionalverkehr nach Bremen.

Die in Nord-Süd-Richtung verlaufende Bahnlinie kann durchaus mit einigen lohnenden Fotomotiven aufwarten, darunter die Gitterbrücke nördlich von Ollen oder die Drehbrücke über die Hunte bei Elsfleth. Schöne Bahnhofsgebäude fin-

AUF EINEN BLICK

Kursbuchstrecke 391

Anbieter NordWestBahn

Fahrzeuge 145, 151, 152, 155, 185, 189, 232, 294, 295, Coradia Continental, Loks div. EVU

Streckenlänge 46 km

Highlights Eisenbahndrehbrücke über die Hunte bei Elsfleth-Orth

Bremer „Regio-S-Bahn" in den Weiten des norddeutschen Tieflandes bei Berne.

det man in Brake, Rodenkirchen und Nordenham. Im Brake führt eine Fußgängerbrücke sowohl über den Personenbahnhof als auch über den dortigen Güterbahnhof. Ebenfalls in Brake lässt sich auch das Ladegeschäft im Hafen gut beobachten, während der Midgard-Hafen in Nordenham für die Öffentlichkeit nicht zugänglich ist. Auch außerhalb der Orte findet man schöne Motive, wie zum Beispiel am Deich bei Kleinensiel oder im Bereich der Rampen an der Huntebrücke bei Elsfleth. Abwechslungsreich ist der Fahrzeugeinsatz im Güterverkehr. Neben verschiedenen Lokbaureihen der Deutschen Bahn sind auch private Lokomotiven regelmäßige Gäste an der Unterweser.

OSNABRÜCK HBF–OLDENBURG HBF–WILHELMSHAVEN

Die zwischen Achmer und Bramsche zweigleisig betriebene Hauptbahn von Osnabrück nach Wilhelmshaven hat betrieblich gesehen zwei Gesichter. Zwischen Osnabrück und Oldenburg dominiert gegenwärtig der Reisezugverkehr, den die NordWestBahn ausschließlich mit LINT 41-Triebwagen, teilweise sogar in Dreifachtraktion, abwickelt.

Besonders dicht belegt ist der Abschnitt Osnabrück Hbf–Hesepe durch die in Hesepe abzweigende Nebenstrecke nach Delmenhorst. Güterzüge verkehren dagegen zumeist nur an bestimmten Tagen. Hauptverfrachter ist die Erdgasentschwefelungsanlage in Großenkneten, die an Werktagen bis zu drei Ganzzüge abfertigt. Diese fahren zumeist über Oldenburg nach Brake an der Unterweser, etwa ein bis zwei Mal in der Woche aber auch über Osnabrück.

Der Bahnhof Cloppenburg hingegen erhält drei Mal wöchentlich einen Ganzzug mit Kies, während über die in Bersenbrück und Cloppenburg anschließenden Nebenbahnen nach Ankum und Friesoythe gelegentlich Rohholz in Ganzzügen abgefahren wird. Auch das Tanklager in Hesepe wird noch sporadisch bedient. Nördlich von Oldenburg wurde die Bahnlinie

Lok 61 der Regionalverkehr Münsterland GmbH durchfährt im Mai 2011 mit einem langen Röhrenzug den Bahnhof Osnabrück-Eversburg.

jüngst in Teilen modernisiert und durchgehend zweigleisig ausgebaut. In einigen Jahren soll auch eine elektrische Fahrleitung installiert sein. Grund für den Streckenausbau ist der neue Jade-Weser-Port (JWP) in Wilhelmshaven, der zukünftig große Mengen Fracht, vor allem Container, auf die Schiene bringen soll. Doch auch schon heute verkehren täglich mehrere Ganzzüge mit Kohle sowie Produkten der chemischen Industrie zwischen Oldenburg und Wilhelmshaven.

Die Hauptbahn führt in weiten Teilen durch die landwirtschaftlich intensiv bewirtschaftete norddeutsche Tiefebene mit vielen Gesichtern. Auch wenn teilweise dichter Bewuchs die Sicht auf die Bahn behindert, so findet man doch praktisch überall entlang der gesamten Strecke schöne Motive. Lohnenswert sind die Bahnhöfe zwischen Oldenburg und Großkneten, die noch mit Formsignalen versehen sind.

Und dass ein modernisierter Bahnhof nicht gleich zu einer Betonburg verkommen muss, dafür gibt es ein positives Beispiel in Bersenbrück. Die dort errichtete neue Fußgängerbrücke ist obendrein auch noch ein guter Fotopunkt für Züge aus beiden Richtungen. Einen Besuch abstatten sollte der Eisenbahnfotograf auch den Bahnhöfen Sande und Varel mit ihren historischen Bahnsteigbrücken.

AUF EINEN BLICK

Kursbuchstrecke 392

Anbieter NordWestBahn

Fahrzeuge LINT 41, 225, 232, 294, Loks div. EVU

Streckenlänge 165 km

Zugkreuzung im Bahnhof Schortens-Heidmühle, dem letzten verbliebenen Kreuzungsbahnhof der Küstenbahn. Neben der Errichtung eines neuen Inselbahnsteigs wurde auch das Bahnhofsgebäude saniert.

(WILHELMSHAVEN–) SANDE–ESENS

OSTFRIESISCHE KÜSTENBAHN

Die einst bis Norden reichende Nebenbahn ist seit 1983 nur noch bis Esens in Betrieb. Das sich anschließende Streckenstück bis Dornum ist abgebaut, während zwischen Dornum und Norden seit Jahren eine Museumsbahn aktiv ist. Die eingleisige Strecke zweigt in Sande von der Verbindung Oldenburg–Wilhelmshaven ab. Besonderheit des Bahnhofs Sande ist die markante Bahnsteigbrücke aus der Anfangszeit der Bahn. Nicht weit davon entfernt kreuzt das Streckengleis bei Sanderbusch den Ems-Jade-Kanal. Die historische Klappbrücke wurde 2007 durch einen Neubau ersetzt. Die 119 Jahre alte Vorgängerin wird museal erhalten bleiben.

Die ersten fünf Kilometer der Strecke werden auch regelmäßig von Güterzügen befahren. Sie wechseln am Abzweig Wilhelmshaven Nordstrecke auf die Wilhelmshavener Nordbahn zum Bahnhof Ölweiche, wo die Hafenanlagen anschließen. Einziger verbliebener Kreuzungsbahnhof ist Schortens-Heidmühle. Dort zweigt ein längeres Anschlussgleis zu einem Flugplatz der Bundeswehr ab, der gelegentlich auch noch angefahren wird.

Im weiteren Verlauf führt die Strecke durch die grüne Küstenlandschaft bis zum Endpunkt Esens, der einige hundert Meter östlich des früheren Bahnhofs neu angelegt wurde.

AUF EINEN BLICK

Kursbuchstrecke 393

Anbieter NordWestBahn

Fahrzeuge LINT 41, 294, 232, Loks div. EVU

Streckenlänge 33 km

(BREMEN HBF–) DELMENHORST–HESEPE (–OSNABRÜCK)

HASENBAHN

AUF EINEN BLICK

Kursbuchstrecke 394
Anbieter NordWestBahn
Fahrzeuge LINT 41, Loks div. EVU
Streckenlänge 88 km

Zu den sehr ländlich geprägten Nebenbahnen Niedersachsens zählt die heute fast ausschließlich dem Regionalverkehr dienende Bahnlinie von Delmenhorst nach Hesepe. Lange Zeit sah es so aus, als würde die von der Deutschen Bundesbahn und später der Deutschen Bahn AG vorangetriebene Stilllegung nicht mehr aufzuhalten sein. Doch die Entwicklung wurde in eine andere Richtung gelenkt: Es erfolgte eine Modernisierung der Strecke und es kam zu einer Ausschreibung des Reisezugverkehrs zusammen mit zwei anderen Regionallinien der Region. Den Zuschlag erhielt die NordWestBahn, die mit modernen LINT 41-Triebwagen inzwischen stündlichen Zugverkehr anbietet. Durch das erheblich verbesserte Zugangebot konnten enorme Fahrgastzuwächse erzielt werden. Fast gänzlich zum Erliegen gekommen ist dagegen der früher rege Güterverkehr. Lediglich einem Futtermittelwerk in Rechterfeld wird von Delmenhorst aus gelegentlich Getreide in Ganzzügen zugestellt. Da das Anschlussgleis lediglich nach Süden angeschlossen ist, muss zum Umsetzen jeweils bis Vechta gefahren werden.

Die Landschaft ist typisch norddeutsch mit Wiesen, Feldern und kleinen Flussläufen, dazwischen immer wieder Waldgebiete und malerisch gelegene Gehöfte und Ortschaften. Bei Goldenstedt, Lohne und Vechta erstrecken sich einige große Torfmoore. Die Freunde der Feldbahnen kommen hier voll auf ihre Kosten, denn mehrere Torfwerke betreiben zum Teil große, intensiv befahrene Streckennetze in einer Spurweite von 600 mm.

Regionalbahn nach Bremen Hbf an einem schönen Sommerabend im Jahr 2007 in einsamer Landschaft bei Mühlen.

AUF EINEN BLICK

Kursbuchstrecke 395

Anbieter DB

Fahrzeuge 101, 111, 145, 151, 152, 155, 185, 189, 294, 295 Loks
div. EVU, Stadler Flirt

Streckenlänge 176 km

Highlights Kanalbrücken Hanekenfähr und Dörpen, Klappbrücke Emden, Ledabrücke in Leer, Bahnhöfe mit Formsignalen in Hanekenfähr, Leschede, Lingen und Meppen

RHEINE–LEER–EMDEN HBF–NORDDEICH

EMSLANDSTRECKE

Ältere Eisenbahnfreunde erinnern sich gern an die Zeit vor 1977, als auf der Emslandstrecke noch der größte Teil des Güterverkehrs mit ölgefeuerten Dampflokomotiven abgewickelt wurde. Auch wenn diese Zeiten längst vorbei sind und der Fahrdraht seit mehr als 30 Jahren die Gleise überspannt, so lohnt sich ein Besuch allemal. Die Hauptbahn führt durch eine abwechslungsreiche Landschaft mit vielen Gesichtern. Abschnitte mit Wiesen und Ackerflächen sind ebenso anzutreffen wie Heidelandschaften, Wälder und feuchtes Marschland mit zahlreichen Wasserläufen. Neben einigen fotogenen Brücken findet man im Südteil auch noch einige Bahnhöfe mit Formsignalen (Hanekenfähr, Leschede, Lingen, Meppen).

Dichter Verkehr herrscht besonders zwischen Rheine und Salzbergen. Dieser Abschnitt wird auch von den Zügen der Bentheimer Strecke mitbenutzt. Nördlich von Salzbergen besteht Intercity- und Regionalexpressverkehr. Hinzu kommen zahlreiche Güterzüge zum VW-Werk in Emden, zur Raffinerie in Lingen-Holthausen, zum Elektrostahlwerk in Hanekenfähr sowie zum Güterverkehrszentrum in Dörpen, zudem umfangreiche Kiestransporte sowie der Güterverkehr unter anderem der Emsländischen Eisenbahn.

Containerzug nach Dörpen nördlich der Ortschaft Leschede im Juni 2012.

An den früheren Bäderverkehr erinnern in den Sommermonate dampflokbespannte Sonderzüge an die Nordsee. Die ölgefeuerte Lok 01 1066 war bis 1975 auf der Emslandstrecke planmäßig im Einsatz.

AUF EINEN BLICK

Kursbuchstrecke 396
Anbieter DB
Fahrzeuge 101, 111, 294
Streckenlänge 2 km

EMDEN HBF–EMDEN AUSSENHAFEN

Die nur gut 2 km lange elektrifizierte Strecke zum Emdener Außenhafen wird hauptsächlich von Reisenden nach Borkum (Schiffsanleger) genutzt. Neben Regionalbahnen laufen auch einige IC den Bahnhof Emden Außenhafen an.

Der früher rege Güterverkehr hingegen ist weitgehend zum Erliegen gekommen. Das über Emden Außenhafen angebundene VW-Werk wird seit Jahren fast ausschließlich über einen zweiten direkt mit der Emslandstrecke verbundenen leistungsfähigen Gleisanschluss versorgt.

Die Strecke wird fast im gesamten Verlauf von einem Weg begleitet, auf dem zwischen 1902 und 1953 eine Straßenbahn fuhr. Fotomotive findet man sowohl am Deichschart als auch bei der Cassens-Werft, sofern hier ein großes Schiff liegt. Cassens wird nach vielen Jahren Bahnabstinenz seinen Gleisanschluss reaktivieren.

Die „Friesenbrücke“ bei Weener ist mit einem klappbaren Brückenteil versehen, um auch größere Schiffe passieren zu lassen. Falls aber eines der bei der Meyerwerft im Papenburg gebauten „Traumschiffe“ in die Nordsee ausläuft, reicht die Breite der Klappbrücke nicht aus. Dann muss der Zugverkehr eingestellt und der Überbau rechts daneben vorübergehend herausgenommen werden.

LEER–GRENZE DB/NS–NIEUWESCHANS–GRONINGEN

Die grenzüberschreitende Strecke in die Niederlande wird nahezu ausschließlich von Reisezügen des Anbieters Arriva im Stundentakt befahren, nachdem hier zuvor Triebwagen der Baureihe 614 von DB Regio in einem sehr spärlichen Fahrplan unterwegs waren. Zeitweise nutzten in den vergangenen Jahren auch einige Güterzüge die eingleisige Strecke, doch seitdem auf der niederländischen Seite im

Halbstundentakt gefahren wird, sind keine freien Trassen mehr vorhanden. Lediglich in den Nachtstunden ist noch gelegentlich der eine oder andere Güterzug auf der Strecke unterwegs. Bekanntester Fotopunkt ist die „Friesenbrücke" bei Weener. Immer dann, wenn auf der Meyerwerft in Papenburg ein großes Schiff vom Stapel läuft und in die Nordsee überführt wird, muss ein Teil dieser Brücke demontiert und im Schienenersatzverkehr gefahren werden. Ansonsten bietet die teilweise recht stark zugewachsene Strecke in der flachen friesischen Landschaft keine besonderen Höhepunkte.

AUF EINEN BLICK

Kursbuchstrecke 397
Anbieter Arriva
Fahrzeuge Stadler GTW
Streckenlänge 18 km
Highlight Friesenbrücke bei Weener

INSELBAHN LANGEOOG

AUF EINEN BLICK

Kursbuchstrecke 10005
Anbieter Inselgemeinde Langeoog
Fahrzeuge Diesellokomotiven
Streckenlänge 3 km

Die Inselbahn Langeoog wurde im August 1901 als Pferdebahn eröffnet, später jedoch auf Lokomotivbetrieb umgestellt. Starker Eisgang zerstörte 1936 einen Teil der Strecke, die daraufhin um 1 km verkürzt wieder instandgesetzt wurde. Anstelle der althergebrachten Dampflokomotiven kamen nun Diesellokomotiven zum Einsatz, bevor in den 1960er-Jahren gebraucht erworbene Triebwagen die Reisenden vom Schiffsanleger auf die Insel und zurück beförderten. In den Jahren 1994/95 folgte eine weitere Modernisierung des Betriebes. Fünf fabrikneue Schöma-Diesellokomotiven mit neuen Personenwagen ersetzten die in die Jahre gekommenen Triebwagen und übernahmen den gesamten Personenverkehr, während die verbliebenen älteren Diesellokomotiven nun nur noch vor Güterzügen zu sehen waren, die unter anderem auch das Reisegepäck beförderten. 2008 wurde der Güterverkehr auf der Inselbahn aufgegeben. Deren Transport erfolgt seither ausschließlich auf der Straße mit Hilfe von Elektrokarren.

Wer sich für die Inselbahn interessiert, kann sie problemlos in kurzer Zeit erwandern. Einige schöne Fotomotive findet man beim Deichschart sowie beim Café „Golfstuben".

Hochbetrieb am Bahnhof: Soeben ist die Inselbahn angekommen, und die Urlauber werden von ihren Zimmervermietern mit Bollerwagen und Pferdefuhrwerken abgeholt.

Abendstimmung über dem Wattenmeer: Der Westturm im Hintergrund ist das weithin sichtbare Wahrzeichen der Insel und wurde 1933 als Nachbildung eines 1914 gesprengten Wehrturmes am Südende des Westgrodendeiches errichtet.

INSELBAHN WANGEROOGE

Die letzte von der Deutschen Bahn AG betriebene Schmalspurbahn findet man auf der Nordseeinsel Wangerooge. Bereits 1897 wurde der Bahnverkehr zwischen dem neuen Anleger im Südwesten der Insel und dem Inseldorf aufgenommen. 1901 kam eine 1,9 km lange Stichstrecke der Marine hinzu, die etwa in Streckenmitte abzweigte und bis zu den militärischen Stützpunkten auf der Westseite der Insel führte. Ferner bestand von 1904 bis 1958 eine 5,4 km lange Verbindung zum Ostanleger. Nach diversen Umtrassierungen verblieben bis heute die Ursprungsstrecke sowie die ehemalige Marinebahn, auf denen aktuell je zwei Diesellokomotiven aus dem Hause Schöma und zwei des Herstellers FAUR verkehren. Als Denkmal verblieb die dreifach gekuppelte Dampflok 99 211. Neben dem Reiseverkehr wird auf Wangerooge auch heute noch Güterverkehr per Schiene durchgeführt.

Große Teile der Strecke verlaufen durch Ruhezonen des Nationalparks Wattenmeer, die nicht betreten werden dürfen. Es ist aber gut möglich, mit einem Teleobjektiv eindrucksvolle Aufnahmen von Zügen in der Wattenmeerlandschaft zu schießen. Weitere lohnende Fotomotive findet man am Deichschart vor dem Inselbahnhof, im Inselbahnhof selbst sowie am Westanleger. Der Verkehr ist tideabhängig. Vor einer geplanten Fototour auf die Insel sollte daher unbedingt der aktuelle Fahrplan studiert werden. Die Güterzüge fahren zumeist in den frühen Morgenstunden, bevor der Personenverkehr anläuft.

AUF EINEN BLICK

Kursbuchstrecke 10007

Anbieter DB AutoZug GmbH

Fahrzeuge Diesellokomotiven

Streckenlänge 5 km

BORKUM BF–BORKUM-REEDE

Borkum besitzt die einzige zweigleisige Inselbahn in der Nordsee. Die 7,5 km lange, 900 mm-spurige Strecke verbindet den Schiffsanleger mit dem Ortsbahnhof. Unterwegs gibt es noch den Zwischenhalt „Jakob-van-Dyken-Weg“. Betriebsmittelpunkt ist der Ortsbahnhof Borkum, wo sich das über zwei Weichen angeschlossene Bahnbetriebswerk befindet. Neben modernen und älteren Diesellokomotiven sind hier ein Wismarer Schienenbus (T 1) und die Dampflok „Borkum III“ beheimatet. Die historischen Fahrzeuge werden gelegentlich im Sonderverkehr eingesetzt.

Während im Bereich des Ortsbahnhofs Wohnbebauung das Umfeld bestimmt, verläuft ein längeres Stück der Strecke durch ein Waldgebiet. Fotografieren lässt sich der Zugverkehr recht gut am Depot der Kleinbahn mit dem Borkumer Leuchtturm im Hintergrund, während am Anleger die Möglichkeit besteht, Zug, Meer und Schiffe gleichzeitig aufs Bild zu bekommen. Ferner gibt es zwei Fußgängerbrücken, die sich als Fotostandpunkte eignen.

AUF EINEN BLICK

Kursbuchstrecke 12100

Anbieter Borkumer Kleinbahn und Dampfschifffahrtsges. mbH

Fahrzeuge div. Dieselloks, Dampfloks und Triebwagen

Streckenlänge 8 km

Internet www.borkumer-kleinbahn.de

Kurz hinter der Loogsterdünen rollt die bunte Zuggarnitur über einige Bahnübergänge, ehe der Endbahnhof erreicht ist.

Sonderzug der AVL in der Heidelandschaft bei Bleckede.

AUF EINEN BLICK

Kursbuchstrecke 12110

Anbieter „Arbeitsgemeinschaft Verkehrsfreunde Lüneburg e.V."

Fahrzeuge historische Diesellokomotiven und Triebwagen

Streckenlänge 23 km

Highlight Ausbesserungswerk der OHE in Bleckede

Internet www.heideexpress.de

LÜNEBURG–BLECKEDE

Als es vor wenigen Jahren so aussah, als wolle die Osthannoverschen Eisenbahnen (OHE) die Strecke von Lüneburg nach Bleckede mangels Güteraufkommen stilllegen, machte die Arbeitsgemeinschaft Verkehrsfreunde Lüneburg e.V. (AVL) gegen diese Pläne mobil und forderte den Erhalt der Bahnlinie aus touristischen Gründen. Es wurde daraufhin ein Konzept zur Sanierung des abschnittsweise maroden Oberbaus erarbeitet und umgesetzt. Nach der Reparatur der abgängigen Abschnitte konnte der Museumsbahnverkehr auf dieser landschaftlich sehr reizvollen Strecke mit verschiedenen vereinseigenen Dieselfahrzeugen wieder aufgenommen werden.

Entlang der Bahn findet man hier und da noch ursprüngliche Lüneburger Heidelandschaften, die sich sehr gut zusammen mit den Zügen fotografieren lassen. Ohnehin muss man im gesamten

Verlauf der Strecke nicht lange suchen, um ein schönes Motiv zu finden. Sehenswert ist das so genannte „Bleckwerk" am derzeitigen Streckenende in Bleckede. Gemeint sich das altehrwürdige Eisenbahnausbesserungswerk der OHE, das über einen Ringlokschuppen und eine Drehscheibe verfügt. Der weitere 1,2 km lange Abschnitt bis Waldfrieden ist derzeit noch gesperrt, während die hier abzweigende ehemalige Anschlussbahn zum früheren Kraftwerk „Alt Garge" mit Draisinen befahren werden kann.

STADE–BREMERVÖRDE–OSTERHOLZ-SCHARMBECK (–BREMEN HBF)
MOOREXPRESS

Die frühere Bremervörde-Osterholzer Eisenbahn (BOE) zählt zu den landschaftlich schönsten Eisenbahnstrecken im nördlichen Niedersach-

Für Fahrten ins Teufelsmoor hält der Verein Bremervörde-Osterholzer Eisenbahnfreunde e.V. den alten vierachsigen BOE-Triebwagen T 164 in Betrieb.

AUF EINEN BLICK

Kursbuchstrecke 12125

Anbieter Eisenbahnen und Verkehrsbetriebe Elbe-Weser GmbH

Fahrzeuge 628, 798, ex BOE-T 164

Streckenlänge 77 km

sen mit nur geringer Bevölkerungsdichte. Somit war die Nebenbahn dem Autoverkehr schon frühzeitig unterlegen und verlor 1978 den Personenverkehr. 1981 fusionierte die BOE mit der nahegelegenen „Wilstedt-Zeven-Tostedter Eisenbahnbahn" (WZTE) und firmierte nunmehr als Eisenbahn- und Verkehrsbetriebe Elbe-Weser GmbH (EVB).

Der immer schlechter werdende Zustand der Gleisanlagen stellte Ende der 1990er-Jahre den Fortbestand der Strecke in Frage, nachdem auch der Güterverkehr kaum noch von Bedeutung war. Doch mit dem 1999 durch die EVB erfolgreich eingeführten „Moorexpress" konnte dieses Schicksal abgewendet werden. Die mit Schienenbussen und Triebwagen der EVB gefahrenen Züge verbinden an Wochenenden in den Sommermonaten die Hansestadt Bremen mit Stade an der Unterelbe und leisten einen wichtigen Beitrag zur touristischen Erschließung des sogenannten „Nassen Dreiecks". Der historische Lokschuppen im Bahnhof Gnarrenburg wird vom Verein Bremervörde-Osterholzer Eisenbahnfreunde e.V. genutzt, der den alten vierachsigen BOE-Triebwagen T 164 betriebsbereit vorhält und damit Sonderfahrten durchführt.

Zudem arbeitet man gegenwärtig an der betriebsfähigen Aufarbeitung der ehemaligen EVB-Lok V 274, einer Henschel-Stangenlok vom Typ DH360C. Güterverkehr findet auf der Strecke nur noch gelegentlich statt.

Die landschaftlich schöne Nebenbahn nach Bad Bederkesa hat ihr Überleben der Beharrlichkeit einiger Eisenbahnfreunde zu verdanken (bei Drangstedt, Mai 2010).

BREMERHAVEN-SPECKENBÜTTEL–BAD BEDERKESA

Eine der nördlichsten Museumsbahnen Niedersachsens findet man zwischen Bremerhaven-Speckenbüttel und Bad Bederkesa. Der Verkehr auf der 1896 eröffneten Nebenbahn war stets bescheiden und ausgesprochen landwirtschaftlich geprägt. Bereits 1968 fuhr der letzte Personenzug, bevor sich die Deutsche Bundesbahn zum Jahresende 1993 endgültig von der Strecke zurückzog. Und hätte es nicht eine Handvoll Museumseisenbahner mit dem festen Willen gegeben, die Bahn zu erhalten, dann lägen hier wohl keine Schienen mehr. Nach mühevoller Wiederinstandsetzung der Gleisanlagen begannen die Aktiven, einen Fahrbetrieb mit historischen Zügen im Stil der 1950er-Jahre aufzubauen. Nachdem zunächst eine V 36 vor den Museumszügen verwendet wurde, kommt gegenwärtig eine als V 65 02 bezeichnete vierachsige stangengekuppelte Diesellokomotive zum Einsatz, die sich ebenfalls im Vereinseigentum befindet. Die fotogene Strecke führt durch eine leicht hügelige Landschaft aus Ackerland, Seen und Wäldern. Sehr zu empfehlen ist ein Besuch des Bahnhofs in Bad Bederkesa mit seinem vorbildlich restaurierten Empfangsgebäude.

AUF EINEN BLICK

Kursbuchstrecke 12128

Anbieter „Museumsbahn Bremerhaven-Bederkesa e.V.“

Fahrzeuge historische Diesellokomotiven

Streckenlänge 18 km

Internet www.museumsbahn-bremerhaven-bederkesa.de

AUF EINEN BLICK

Kursbuchstrecke 12382

Anbieter „Deutscher Eisenbahn-Verein e.V.", „Verkehrsbetriebe Grafschaft Hoya"

Fahrzeuge Diesellokomotiven und Dieseltriebwagen

Streckenlänge 37 km

Highlights Ortsdurchfahrt Syke, Weserbrücke Hoya

Internet www.vgh-hoya.de

SYKE–EYSTRUP

Die von den „Verkehrsbetrieben Grafschaft Hoya" betriebene Nebenbahn Syke–Eystrup war zwischen Syke und Hoya ursprünglich meterspurig. Lange Zeit sah es so aus, als ob die zuletzt kaum noch befahrene Strecke nicht überleben würde. Doch Dank des Deutschen Eisenbahn-Vereins in Bruchhausen-Vilsen, der sich maßgeblich für ihren Erhalt einsetzte, konnte eine Sanierung der Gleisanlagen durchgesetzt werden. 2008 wurde sogar die Weserbrücke in Hoya erneuert. Inzwischen hat sich der Güterverkehr auch wieder erholt, allerdings nur im Abschnitt Eystrup–Hoya. Östlich von Hoya wird mehrmals täglich mit einer dreiachsigen MaK-Lok der VGH der Anschluss eines papierverarbeitenden Großbetriebes bedient. Ansonsten ist Güterverkehr eher spärlich.

Einen besonderen Stellenwert hat seit Jahren der Ausflugs- und Tourismusverkehr auf der landschaftlich sehr schönen Strecke. Dafür stehen drei Triebwagen zur Verfügung: ein zweiachsiges Fahrzeug der Waggonfabrik Gotha mit Beiwagen, ein vierachsiger Esslinger-Triebwagen mit Beiwagen und ein MaK-Triebwagen vom Typ GDT. Mit letzterem wird seit Ende 2012 werktags regelmäßiger Schülerverkehr mit zwei Zugpaaren durchgeführt. Des Weiteren ist noch eine betriebsfähige V 36 vorhanden. Gelegentlich sieht man auf der Strecke auch Fahrzeuge befreundeter Vereine, die mit Sonderzügen die Museumseisenbahn in Bruchhausen-Vilsen besuchen.

Gemächlich rollt der T 2 der Verkehrsbetriebe Grafschaft Hoya an einem schönen Maitag durch die sehr ländlich geprägte Ortschaft Uenzen.

Besonders beliebt sind die Nikolauszüge in der Vorweihnachtszeit. Dann geht es mit langen Zügen unter Volldampf durch das Vilser Holz.

BRUCHHAUSEN-VILSEN–ASENDORF

Die knapp acht Kilometer lange Meterspurstrecke von Bruchhausen-Vilsen nach Asendorf ist die erste Museumsbahn Deutschlands. Bereits 1966, als der Bahnhof Asendorf von Bruchhausen-Vilsen aus noch regelmäßig im Güterverkehr bedient wurde, verkehrten hier die ersten historischen Züge des Deutschen Eisenbahn-Vereins (DEV). Als einige Jahre später der Güterverkehr von den Verkehrsbetrieben Grafschaft Hoya (VGH) auf der Schmalspurstrecke eingestellt wurde, übernahm der DEV die Anlagen und erneuerte sie Stück für Stück. Der Verein verfügt heute über eine große Anzahl an Dampf- und Diesellokomotiven, Triebwagen sowie Personen- und Güterwagen aller Art. Ein großer Teil des Rollmaterials ist vorbildlich aufgearbeitet und wetterfest in einer geräumigen Fahrzeughalle untergebracht.

Schöne Fotomotive findet man vor allem im Nordabschnitt der rund 8 km langen meterspurigen Museumsbahn. Die Strecke führt von Bruchhausen-Vilsen ausgehend zunächst durch Wiesen und Felder und überwindet im Vilser Holz einen Geestrücken. Hier können vor allem die Dampflokomotiven zeigen, was in ihnen steckt. Besonders reizvoll ist die Fahrt über die Steigung anlässlich der vielbesuchten Nikolausfahrten. Ein Teil der mitunter langen Züge wird dann von einer zweiten Dampflok nachgeschoben. Schöne Fotopunkte findet man auch weiter südlich sowie im Bahnhof Heiligenberg. Der weitere Streckenverlauf bis Asendorf entlang der Bundesstraße B6 hingegen ist weniger interessant. Eine Ausnahme bildet der Bahnhof Asendorf mit kleinem Lokschuppen, der sich recht gut fotografieren lässt.

AUF EINEN BLICK

Kursbuchstrecke 12383

Anbieter „Deutscher Eisenbahn-Verein e.V."

Fahrzeuge verschiedene historische Dampf- und Diesellokomotiven sowie Triebwagen

Streckenlänge 8 km

Internet www.museums-eisenbahn.de

AUF EINEN BLICK

Kursbuchstrecke 12395

Anbieter Eisenbahnfreunde Hasetal e.V.

Fahrzeuge Dampflok Niedersachsen, Diesellokomotiven

Streckenlänge 51 km

Internet www.eisenbahnfreunde-hasetal.net

MEPPEN–HASELÜNNE–ESSEN (OLDB)

HASETALBAHN

Die Eisenbahnfreunde Hasetal fahren mit ihren historischen Zügen auf der früheren Meppen-Haselünner Eisenbahn (MHE), die heute mit der sich anschließenden früheren Bundesbahnstrecke nach Essen (Oldb) zur Emsländischen Eisenbahn (EEB) gehört. Die landschaftlich schöne, während der Woche regelmäßig von Güterzügen befahrene Nebenbahn verläuft in Ost-West-Richtung durch typisch niedersächsisches Agrarland. Größere Waldgebiete sind hier eher selten. Der Museumszug, bestehend aus gepflegten Personen- und Güterwagen, wird in der Regel von der dreiachsigen Dampflok „Niedersachsen“ gezogen. Alternativ kann aber auch eine der beiden betriebsfähigen Deutz-Lokomotiven zum Einsatz kommen. Während bis vor wenigen Jahren an Betriebstagen zumeist die gesamte Strecke befahren wurde, konzentriert sich der Museumsverkehr nun vorwiegend auf den Abschnitt Haselünne–Löningen. Nur an bestimmten Fahrtagen wird noch darüber hinaus gefahren. Im Gegensatz zu den meisten anderen Museumsbahnen führen die Eisenbahnfreunde Hasetal ihren Zugverkehr zumeist an Samstagen und nicht an Sonntagen durch.

Der Museumszug mit Lok „Niedersachsen“ an einem sonnigen Septembertag auf der landschaftlich schönen Privatbahn bei Herzlake.

DELMENHORST SÜD–HARPSTEDT
„JAN HARPSTEDT“

Saisonaler Museumsbahnbetrieb findet in den Sommermonaten auf der Delmenhorst-Harpstedter Eisenbahn (DHE) statt, einer Privatbahn, die die dicht besiedelte Region um Delmenhorst mit dem sehr ländlichen Ort Harpstedt verbindet. Eine rund 5 km lange Stichbahn zweigt in Annenheide von der Stammstrecke ab und führt bis zu einem Bundeswehrstandort in Adelheide. Regelmäßiger Güterverkehr wird im Inselbetrieb zwischen Delmenhorst und Annenheide mit Kühlgut abgewickelt. Ansonsten erfolgt die Beförderung verschiedener Wagenladungen nach Bedarf, darunter Rohholz in langen Ganzzügen ab Harpstedt.

Die Delmenhorst-Harpstedter Eisenbahnfreunde e.V. (DHEF) führen seit 1978 historischen Zugverkehr auf der in Südteil landschaftlich sehr schönen Strecke durch. Der Verein, der unter dem Namen Historische Kleinbahn „Jan Harpstedt“ in der Öffentlichkeit auftritt, fährt seit 1992 mit vereinseigen Dampflokomotiven. Es sind zwei ehemalige Industriebahnmaschinen vorhanden, von denen allerdings nur eine betriebsfähig ist. Des Weiteren steht dem Verein der DHE-Triebwagen T 121 zur Verfügung.

AUF EINEN BLICK

Kursbuchstrecke 12398

Anbieter Delmenhorst-Harpstedter Eisenbahnfreunde e.V. (Historische Kleinbahn „Jan Harpstedt“)

Fahrzeuge historische Dampf- und Diesellokomotiven, Triebwagen

Streckenlänge 22 km

Internet www.jan-harpstedt.de

Mit dem Triebwagen T 121 über die landschaftlich schöne Nebenbahn nach Harpstedt. Der Haltepunkt Groß Ippener ist ein beliebter Ausgangspunkt für Wanderer.

AUF EINEN BLICK

Kursbuchstrecke 12399

Anbieter Museumseisenbahn „Küstenbahn Ostfriesland e.V."

Fahrzeuge historische Diesellokomotiven

Streckenlänge 17 km

Internet www.mkoev.de

NORDEN–DORNUM (OSTFRIESLAND)

KÜSTENBAHN

Die Museumseisenbahn „Küstenbahn Ostfriesland e.V." (MKO) besteht seit 1987 und hat ihren Sitz im Bahnhof Norden an der Strecke Emden–Norddeich. Der dortige vierständige Lokschuppen wurde von der Deutschen Bahn angemietet und ist seit 1998 Teil eines kleinen Eisenbahnmuseums. Es umfasst eine Ausstellung von historischen Fahrzeugen und Gleisbaugeräten, ferner eine historische Dokumentensammlung, das wieder aufgebaute frühere mechanische Stellwerk „Nm" sowie verschiedene historische technische Anlagen auf dem Freigelände.

Der Verein befährt mit seinen Museumszügen die Nebenbahn Norden–Dornum (Ostfriesland). Sie ist ein Teil der früher durchgehenden Küstenbahn nach Sande, die 1983 zwischen Norden und Esens (Ostfriesland) ihren Personenverkehr verlor. Während die Teilstrecke Dornum (Ostfriesland)–Esens (Ostfriesland) drei Jahre später dem Rückbau zum Opfer fiel, wurde die heutige Museumsbahn noch bis 1989 für den Güterverkehr vorgehalten, bevor auch hier die Stilllegung erfolgte. Bereits zwei Jahre zuvor war es zur Gründung des Vereins gekommen, dem es später gelang, den Streckenabschnitt für den Museumsverkehr in dieser Tourismusregion zu reaktivieren. Die Züge werden heute zumeist von V 60 062 bespannt – eine V 60 der DB-Bauart, die aber zeitlebens in Belgien bei der dortigen Staatsbahn eingesetzt war. Neben der V 60 führt der Verein einige Personenwagen in zwei- und vierachsiger Ausführung im Bestand, ferner auch mehrere Kleinlokomotiven.

Die Küstenbahn führt durch eine von zahlreichen Wasserläufen durchzogene Landschaft. Eine aus Belgien erworbene Lokomotive der Bundesbahn-Bauart V 60 führt den Zug an einem trüben Frühlingstag östlich von Hage durch Felder und Wiesen.

RAHDEN–UCHTE

Die Museumsbahn von Rahden nach Uchte ist ein Teilstück der 1910 durch die Preußische Staatsbahn eröffneten Nebenbahn Rahden–Uchte–Nienburg (Weser). Sie diente vornehmlich der Landwirtschaft und der örtlichen Torfindustrie und litt zeitlebens unter der geringen Bevölkerungsdichte. Folglich verlor sie schon 1968 ihren Personenverkehr, bevor 1976 der mittlere Streckenbereich zwischen Uchte und Steyerberg überhaupt nicht mehr befahren wurde und hier wenig später der Rückbau erfolgte. Schließlich endete bis Mitte der 1990er-Jahre auch der Güterverkehr zwischen Steyerberg und Liebenau (Han) sowie zwischen Rahden und Uchte. Seither dient lediglich noch der Abschnitt Nienburg (Weser)–Liebenau (Han) dem Güterverkehr eines Chemiewerks mit weiträumigem Werkbahnnetz inmitten eines früheren militärischen Sperrgebiets. Hier kann auch Rohholz verladen werden.

Zwischen Rahden und Uchte wird heute nur noch Sonderverkehr mit historischen Zügen durchgeführt. Seit 1991 ist hier die Museumseisenbahn Rahden–Uchte e.V. mit einer dreiteiligen Schienenbusgarnitur der Baureihe 798 und dem Triebwagen T 2 mit Beiwagen der früheren Moerser Kreisbahn aktiv. Auch eine Köf II führt der Verein im Bestand. Die Betriebsführung der landschaftlich schönen Strecke obliegt der Bonner Rhein-Sieg Eisenbahn (RSE).

Der dreiteilige Schienenbus der Museumsbahn Rahden–Uchte eignet sich auch zum Transport von Fahrrädern – ein Service, der von Mitreisenden gerne in Anspruch genommen wird (Wamsen, 2007).

AUF EINEN BLICK

Anbieter „Museumseisenbahn Rahden-Uchte e.V."

Fahrzeuge historische Dieseltriebwagen

Streckenlänge 25 km

Internet www.museumseisenbahn-rahden.de

Prächtige Alleen begleiten viele Straßen auf der Insel Rügen. Davor ein Dampfzug nach Putbus auf tadellos gepflegtem Gleis (b. Posewald, Mai 2013).

MECKLENBURG-VORPOMMERN

AUF EINEN BLICK

Kursbuchstrecke 100

Anbieter DB

Fahrzeuge 101, 112, 120, 145, 152, 155, 185, 189, 294, 298, 401, 402, 411, 605, 628, Loks div. EVU

Streckenlänge 217 km

HAMBURG–HAGENOW LAND–SCHWERIN–ROSTOCK

Die Kursbuchstrecke 100 vereint Teile der Hauptbahnen Hamburg–Berlin und Hagenow Land/Wittenberge–Holthusen–Schwerin–Rostock. Als damals längste Fernbahnstrecke in den deutschen Ländern wurde die Hamburg–Berliner Bahn 1846 in Betrieb genommen und verschaffte dem Großherzogtum Mecklenburg-Schwerin den ersten Bahnanschluss. Fast zeitgleich liefen die Bauarbeiten für eine Verbindung von Hagenow Land zu den vier größten Städten des Landes, Schwerin, Wismar, Rostock und Güstrow, an. Am 1. Mai 1847 ging zunächst die Teilstrecke Hagenow–Schwerin in Betrieb, bevor am 12. Juli 1948 der Zugverkehr bis Wismar aufgenommen wurde. Am 13. Mai 1850 erhielt mit Inbetriebnahme einer Zweigstrecke ab Bad Kleinen auch die Hafenstadt Rostock Anschluss an das Eisenbahnnetz.

Die 217 km lange, durchgehend zweigleisige und elektrifizierte Bahnlinie führt im gesamten Verlauf durch das durch von vielen Moränenzügen und Seen geprägte mecklenburgische Tiefland mit vorwiegend landwirtschaftlicher Nutzung. Lediglich abschnittsweise werden größere Waldgebiete durch-

Bei Dersenow eilt ein Regionalexpress im September 2012 in Richtung Hamburg.

ICE nach Berlin bei Dersenow im September 2012 zwischen den Bahnhöfen Bolzenburg und Brahlstorf.

fahren. Die ersten Kilometer vom Hamburger Hauptbahnhof bis Aumühle führen durch dicht bebautes Hamburger Stadtgebiet, während nebenan die Gleise der S-Bahn verlaufen. Östlich von Aumühle wird der Sachsenwald durchquert, bevor der Übergang in den dünn besiedelten Südosten Schleswig-Holsteins erfolgt und östlich von Büchen die Grenze nach Mecklenburg überschritten wird. Im weiteren Verlauf führt die nunmehr für eine Höchstgeschwindigkeit von 230 km/h zugelassene Berlin-Hamburger Bahn durch einsame Regionen mit einigen schönen Fotostellen im Bereich von Straßenüberführungen und neu angelegten, parallel zur Bahn verlaufenden Straßen und Wegen. Neben dichtem Reisezugverkehr sind in diesem Bereich auch viele Güterzüge zu beobachten.

Wesentlich schwächer ist das Verkehrsaufkommen nördlich von Hagenow Land. Erst ab Holthusen, südlich von Schwerin, herrscht nach dem Zusammentreffen mit der Wittenberger Strecke wieder deutlich mehr Betrieb. Hier erreicht die Bahn eine sehr abwechslungsreiche und abschnittsweise hügelige Landschaft aus Ackerflächen, kleineren Waldgebieten und größeren Seen, die bis hinter Bad Kleinen reicht. Der weitere Verlauf bis Rostock ist erneut vorwiegend landschaftlich geprägt, aber vielfach von größeren Waldgebieten begleitet. Es gibt in diesem Bereich eine Reihe schöner Fotopunkte, auch wenn mitunter dichter Bewuchs die Sicht beeinträchtigt.

Die Regionalbahn aus Parchim rollt in Ruthenbeck an den Bahnsteig. Das ehemalige Stationsgebäude ist längst „privatisiert", während eine Auflassung des sehr schwach genutzten Haltepunkts zu erwarten ist.

RHENA–SCHWERIN HBF–PARCHIM

Ursprünglich wollte man eine Bahnlinie von Lübeck über Schwerin nach Parchim bauen, die zu einem späteren Zeitpunkt bis in die preußische Provinz Brandenburg verlängert werden sollte. Doch aus diesen Plänen wurde nichts, da sich westlich von Rhena einflussreiche Landwirte und Gutsbesitzer gegen eine Durchschneidung ihrer Agrarflächen zur Wehr setzten. Folglich beschränkte man sich zunächst auf den Bau der Teilstrecken Schwerin–Rhena und Schwerin–Parchim. Bauherrin war die Mecklenburgische Friedrich-Franz-Eisenbahn, die später auch die Betriebsführung übernahm. Mit den Arbeiten wurde 1893 begonnen, doch erst am 1. August 1899 war die Gesamtstrecke fertig.

Beide Bahnlinien haben die Zeiten bis heute überdauert und werden an Werktagen mit Triebwagen vom Typ LINT 41 der Ostseeland Verkehr GmbH (OLA) im Stundentakt befahren. Lediglich zwischen Gadebusch und Rhena fahren die

AUF EINEN BLICK

Kursbuchstrecke 152

Anbieter Ostseeland Verkehr GmbH (OLA)

Fahrzeuge LINT 41, 294, Loks div. EVU

Streckenlänge 80 km

Züge aufgrund der geringen Nachfrage nur alle zwei Stunden. Auch am Wochenende ist das Zugangebot auf der Gesamtstrecke teilweise auf einen Zweistundentakt reduziert. Güterverkehr besteht lediglich noch im Nahbereich von Schwerin mit den Ladestellen Schwerin-Wüstmark und Schwerin-Stern (Buchholz). Die seit Jahren diskutierte Verlängerung der Strecke über Rhena hinaus bis Schönberg (Meckl) zur Anbindung an die Hauptbahn Lübeck–Bad Kleinen kam bis heute nicht zustande.

Landschaftlich gesehen sind beide Streckenäste recht abwechslungsreich. Wer hier fotografieren möchte, wird nach einem schönen Fotopunkt nicht lange suchen müssen. Besonders zu empfehlen ist die dünn besiedelte und leicht hügelige Moränenlandschaft südlich von Crivitz, die sich bis Parchim erstreckt. Ein Teil der Bahnhöfe wurden inzwischen aufgegeben bzw. in Haltepunkte umgewandelt, während die verbliebenen auf das betrieblich Notwendige zurückgebaut wurden und sich zumindest optisch nicht in bestem Zustand befinden.

Regionalbahn nach Parchim in Höhe der früheren Haltestelle Zieslübbe.

AUF EINEN BLICK

Kursbuchstrecke 172

Anbieter Ostdeutsche Eisenbahn GmbH

Fahrzeuge Regio-Shuttle RS1, 294, 298, Loks div. EVU

Streckenlänge 145 km

Highlights Eisenbahnknoten Karow (Meckl)

HAGENOW STADT (–HAGENOW LAND–LUDWIGSLUST)–PARCHIM–KAROW (MECKL)–WAREN (–NEUSTRELITZ)

Die 145 km lange Verbindung besteht aus mehreren Teilstrecken, die aus ganz unterschiedlichen Gründen gebaut wurden. Der kurze Abschnitt Hagenow Land–Hagenow Stadt ist der Rest der alten „Kaiserbahn" Hagenow Land–Bad Oldesloe, die einst die Länder Mecklenburg-Vorpommern und Schleswig-Holstein verband. Ihren Namen verdankt sie dem deutschen Kaiser Wilhelm II., der recht häufig die vor dem Zweiten Weltkrieg sogar von Schnellzügen befahrene ehemalige Hauptbahn nutzte. In Ludwigslust erfolgt der Übergang auf die frühere Ludwigslust-Parchimer Eisenbahn, die am 15. Juni 1880 eröffnet und von der Zentralverwaltung für Secundärbahnen H. Bachstein, Berlin, bis zur Verstaatlichung im Jahr 1920 betrieben wurde. Bachstein war ferner Betriebsführerin der sich in Parchim anschließenden Nebenbahn Parchim–Waren (Müritz), wo der Güterverkehr am 20. Januar 1885 aufgenommen wurde. Der Personenverkehr folgte eine Woche später am 28. Januar.

Abgesehen von dem kurzen Hauptbahnabschnitt Hagenow Land–Ludwigslust ist die Bedeutung der Gesamtstrecke heute eher gering und es gab in der jüngeren

Vergangenheit wiederholt Versuche, den Reisezugverkehr auf die Straße zu verlagern. Inzwischen wurde die Streckenhöchstgeschwindigkeit teilweise auf 80 km/h angehoben und ein Teil der Bahnhöfe geschlossen. Seit dem 15. Dezember 2002 wird der öffentliche Personennahverkehr von der Ostdeutsche Eisenbahn GmbH mit Regio-Shuttles vom Typ RS1 im Zweistundentakt (mit Taktlücken) gefahren. Planmäßiger Güterverkehr besteht nach wie vor zwischen Karow und Malchow.

Das Umfeld der Strecke ist in weiten Teilen von intensiver Landwirtschaft geprägt, die für den Bahnverkehr allerdings bedeutungslos ist. Große, im östlichen Bereich der Strecke leicht hügelige Ackerflächen erstrecken sich beiderseits der Bahnlinie. Von wenigen größeren Orten wie Parchim, Neustadt-Gleewe oder Lübz einmal abgesehen, werden in der ausgesprochen dünn besiedelten Agrarlandschaft fast nur kleine Dörfer von der Bahn berührt. Folglich hält sich das Fahrgastaufkommen in Grenzen. Es gibt im Verlauf der Kursbuchstrecke 172 eine Reihe schöner Fotopunkte in der offenen Landschaft. Aber auch einige Bahnhöfe – bzw. das, was von ihnen übrig geblieben ist – lohnen einen Besuch. Sehenswert ist nach wie vor der früher bedeutende Bahnhof Karow mit seinen noch umfangreichen Gleisanlagen. Auch der Bahnhof Malchow mit zwei mechanischen Stellwerken ist zu empfehlen. Ein Sägewerk sorgt hier für reges Güteraufkommen.

Der frühere Bahnhof Spornitz ist heute nur noch ein Haltepunkt. Der ausfahrende Regio-Shuttle der ODEG hat den Bahnhof Hagenow Stadt zum Ziel.

Ein ehemaliger Reichsbahn-LVT überquert im Mai 2013 den Kammerkanal bei Groß Quassow. Das Zugangebot auf dieser Strecke richtet sich vor allem an Touristen.

NEUSTRELITZ–MIROW

Die Konzession zum Bau der Strecke erhielt die Neustrelitz-Wesenberg-Mirower Eisenbahngesellschaft mit Sitz in Wesenberg am 17. Januar 1888, nach zweijähriger Bauzeit ging die rund 22 Kilometer lange Verbindung am 15. Juli 1890 in Betrieb. Am 1. April 1894 kam es zu einem Zusammenschluss mit der Blankensee-Woldegk-Strasburger Eisenbahngesellschaft. Das Unternehmen firmierte nun unter dem Namen Mecklenburgische Friedrich-Wilhelm-Eisenbahn-Gesellschaft (MFWE) und verlängerte die Strecke in beiden Richtungen bis Wittstock und Strasburg (Uckerm).

Von der bis Kriegsende durchgehenden Verbindung ist lediglich der Abschnitt Neustrelitz–Mirow übriggeblieben. Ende 2012 drohte auch hier die Einstellung des Verkehrs. Lediglich die Bedienung des Tanklagers in Zirtow sollte verbleiben. Mit finanzieller Unterstützung durch das Land Mecklenburg gelang es, ein „integriertes Konzept" aus Bahn- und Busverkehr mit besonderer Ausrichtung auf den Tourismus auf den Weg zu bringen. Den Betrieb führt nunmehr die Eisenbahngesellschaft Potsdam (EGP) mit täglich vier Zugpaaren, während die Bahninfrastruktur von der RegioInfra Gesellschaft übernommen wurde. Somit besteht Hoffnung, dass auch in Zukunft noch Züge durch die herbe Mecklenburger Landschaft mit ihren vielen schönen Fotomotiven fahren werden. Besonders interessant ist die Landschaft um den kleinen Ort Groß Quassow mit der Brücke über den Kammerkanal.

Empfehlenswert ist auch der Bahnhof Zirtow (Anschlussgleis Tanklager) mit den hier noch vorhandenen Formsignalen.

AUF EINEN BLICK

Kursbuchstrecke zuletzt 173, derzeit ohne KBS

Anbieter Eisenbahngesellschaft Potsdam (EGP) mbH

Fahrzeuge div. VT

Streckenlänge 22 km

Highlights Brücke über den Kammerkanal bei Groß Quassow, Bahnhof Zirtow

SZCZECIN GLOWNY–PASEWALK–BÜTZOW–BAD KLEINEN–LÜBECK

In ihrem Westteil ist die eingleisige Hauptbahn ein wichtiges Bindeglied im Verkehr zwischen den Bundesländern Schleswig-Holstein und Mecklenburg-Vorpommern, auch wenn hier kein ausgesprochener Fernreisezugverkehr mehr besteht. Schon um 1850 planten die beiden Großherzogtümer Mecklenburg-Schwerin und Mecklenburg-Strelitz eine Ost-West-Verbindung durch ihre Hoheitsgebiete, um die Städte Lübeck, Neubrandenburg und Stettin zu verbinden. Bald nach Eröffnung der Strecke Bützow–Güstrow durch die Mecklenburgische Eisenbahngesellschaft im Jahr 1850, die als Zweigstrecke der gleichzeitig gebauten Bahnstrecke Bad Kleinen–Rostock angelegt worden war, wurde der Bau des östlichen Teils der geplanten Strecke von Bützow bis Neubrandenburg konkret. Mangels finanzkräftiger Investoren musste der Staat Mecklenburg-Schwerin den Bahnbau allerdings selbst in die Hand nehmen. Erst 1964 konnte hier der Zugverkehr aufgenommen werden. In den Jahren 1866/67 wurde die Strecke über Neubrandenburg hinaus bis ins preußische Strasburg (Uckermark) verlängert, während Preußen zeitgleich die Lücke bis Pasewalk schloss. Dort knüpfte die Bahn an die bereits 1863 von der Berlin-Stettiner Eisenbahn-Gesellschaft eröffnete Strecke nach Stettin an.

Bald nach Gründung der Lübeck-Kleinener Eisenbahn-Gesell-

Triebwagen der Baureihe 628 verbinden im Zweistundentakt die Städte Lübeck und Szczecin (Polen) und durchqueren dabei Mecklenburg von Ost nach West (bei Groß Daberkow, Mai 2013).

AUF EINEN BLICK

Kursbuchstrecke 175

Anbieter DB, Ostseeland Verkehr GmbH (OLA)

Fahrzeuge 628, OLA-Talent, 232, 294, Loks div. EVU

Streckenlänge 297 km

Highlights Formsignale in Klenkenhof, Grischow (Meckl), Kleeth, Reuterstadt Stavenhagen, Sponholz

schaft begann 1865 auch der Bahnbau zwischen Lübeck und Bad Kleinen. Doch erst nach Übernahme des Projekts durch die Friedrich-Franz-Eisenbahn stand die Gesamtstrecke ab dem 1. Juli 1870 zur Verfügung.

Die landschaftlich sehr schöne, weitgehend eingleisige Strecke kann mit zahlreichen Fotomotiven aufwarten. In vielfach hügeliger Landschaft mit größeren Waldgebieten vor allem im östlichen Streckenbereich verläuft die Bahntrasse in weiten Teilen durch ein sehr einsames, von der Landwirtschaft geprägtes Moränengebiet. Wie fast überall in den neuen Bundesländern ist auch hier inzwischen so mancher Bahnhof umgebaut worden und hat einen Teil seiner Gleise verloren, doch findet man hier noch das eine oder andere schöne Motiv. Teilweise stehen hier auch noch die alten mechanischen Stellwerke mit Formsignalen.

Der planmäßige Betrieb auf der Gesamtstrecke beschränkt sich heute vorwiegend auf den Regionalverkehr. Seit 2006 besteht erstmals seit dem Zweiten Weltkrieg wieder ein durchgehendes Angebot mit Regionalexpresszügen zwischen Lübeck und Szczecin mit allerdings recht langen Reisezeiten. Die vielen Halte und die Eingleisigkeit der Strecke verlangen den Reisenden viel Geduld ab. Immerhin fast fünf Stunden ist man unterwegs. Regelmäßiger Güterverkehr wird heute lediglich noch auf Teilstrecken durchgeführt. Dafür werden sehr häufig Sonderleistungen eingelegt. Zehn außerplanmäßige Güterzüge an nur einem Tag sind keine Seltenheit.

(PASEWALK–) JATZNICK–UECKERMÜNDE STADTHAFEN

Mit Eröffnung der Eisenbahnlinie Berlin–Stralsund schien die Anbindung der Stadt Ueckermünde an das Eisenbahnnetz nur noch eine Frage der Zeit zu sein. Dabei ging es weniger um den Personenverkehr, als vielmehr um eine Alternative zum wenig leistungsfähigen

Bei Torgelow begegnet uns die „ola"nach über Jatznick-Pasewalk nach Bützow.

Güterverkehr per Schiff auf der Uecker. Im April 1882 stimmte der Preußische Landtag dem Bau einer Nebenbahn von Jatznick über Torgelow nach Ueckermünde zu, die am 15. September 1884 dem Betrieb übergeben werden konnte.

Die Bahn erfüllte die in sie gesetzten Erwartungen. Erst nach 1990 ging der Verkehr aufgrund von Betriebsstilllegungen und der Verlagerung des Güterverkehrs auf LKW zurück. Auch das Militär hatte nach Schließung zahlreicher Standorte nun keine Bedeutung für die Strecke mehr. Anstelle jedoch die Nebenstrecke stillzulegen, vergab das Land Mecklenburg-Vorpommern im Jahr 2000 den Personenverkehr an die Ostmecklenburgische Eisenbahn (heute Ostseeland Verkehr GmbH), die nun durchgehenden Reisezugverkehr im Zweistundentakt zwischen Bützow und Ueckermünde anbietet. Am 15. August 2009 wurde die Strecke vom alten Bahnhof Ueckermünde aus um rund 850 m über die alte seit 1996 nicht mehr genutzt Bahntrasse zum Hafen bis zum neuen innenstadtnahen Halte- und Endpunkt Ueckermünde Stadthafen verlängert.

Der planmäßige Güterverkehr wurde im Jahr 2000 von der Deutschen Bahn eingestellt. Es verkehren aber weiterhin in unregelmäßigen Abständen Güterzüge mit Rohholz ab Bahnhof Torgelow, die von privaten Eisenbahnverkehrsunternehmen befördert werden.

Die Regionalbahn aus Ueckermünde erreicht in Jatznick die Hauptbahn Berlin–Stralsund und wird über Pasewalk nach Bützow weiterfahren.

AUF EINEN BLICK

Kursbuchstrecke 175

Anbieter Ostseeland Verkehr GmbH (OLA)

Fahrzeuge Talent

Streckenlänge 30 km

S-BAHN ROSTOCK

Auf der Eisenbahnlinie Rostock–Seebad Warnemünde bestand schon immer ein dichter Vorortverkehr. Als in den 1960er-Jahren entlang der Bahn mehrere große Neubausiedlungen entstanden, erwies sich die Trassierung der seit Kriegsende nur noch eingleisigen Strecke als unzweckmäßig. Folglich wurde eine zweigleisige Neubaustrecke auf der Westseite der Fernstraße 109 vorgeschlagen, doch die Umsetzung dieser Pläne scheiterte an den hohen Kosten. Alternativ begann man 1968 mit dem Bau einer neuen zweigleisigen Bahntrasse östlich der F 109, die im Juli 1970 zwischen Rostock-Bramow und Rostock-Lütten Klein eröffnet wurde. In den folgenden Jahren wurde die Neubaustrecke nach Norden bis zur alten Trasse südlich des Haltepunktes Warnemünde Werft verlängert. 1974 erfolgte auf der Neubaustrecke die offizielle Aufnahme des S-Bahn-Betriebs (heutige Linie S1), während die alte Strecke über den Bahnhof Schmarl stillgelegt wurde. Am 14. Dezember 1985 folgte

Rostocker S-Bahnzug bei der Einfahrt in den Bahnhof Rostock-Warnemünde. Im Hintergrund die Anlagen der Warnow-Werft.

die Umstellung auf elektrischen Betrieb. Anstelle der bisher eingesetzten Baureihe 118 kamen nun Lokomotiven der Baureihe 243 vor Wendezügen zum Einsatz, die im Berufsverkehr aus drei vierteiligen Doppelstockeinheiten bestanden.

Ein Teil der von Warnemünde nach Rostock verkehrenden S-Bahnzüge war über den Rostocker Hauptbahnhof hinaus bis zum Rostocker Überseehafen durchgebunden. Dennoch galt die Strecke nicht offiziell als S-Bahn. Erst 1987 führte die Deutsche Reichsbahn auch hier den S-Bahn-Tarif ein und ab etwa 1990 wurde die Bezeichnung „S-Bahn" auch für die Züge zum Überseehafen gebräuchlich. Etwa seit dieser Zeit werden auch die Regionalzüge von Rostock nach Güstrow als S-Bahn bezeichnet und durchgehend nach Warnemünde geführt. Nicht verwirklicht wurde hingegen das Vorhaben, die S-Bahn mit der Rostocker Straßenbahn zu einem Stadtbahnsystem zu verknüpfen.

Es bestehen heute folgende S-Bahn-Linien:

S 1 Rostock Hbf–Warnemünde
S 2 Rostock Hbf–Schwaan–Güstrow
S 3 Rostock Hbf–Laage (Meckl)–Plaatz–Güstrow

Die geplante Einrichtung der S-Bahn-Linie 4 Rostock Hbf–Rostock Seehafen wurde nicht realisiert. Vielmehr erfolgte die Abbestellung des Reisezugangebots auf dieser Strecke zum 9. Dezember 2012. Somit kommt zumindest bis auf weiteres die von der Stadt Rostock geplante Verlängerung dieser Strecke bis zum Fähranleger im Überseehafen nicht zustande. Ebenfalls noch nicht umgesetzt werden konnte die Umstellung der lokbespannten Wendezügen auf fünfteilige Elektrotriebwagen vom Typ Bombardier Talent 2. Frühestens ab Dezember 2013 soll, wie vom Besteller gewunscht, zwischen Warnemünde und Güstrow durchgehend mit Talent-2-Zügen gefahren werden.

Für den Eisenbahnfotografen sind die S-Bahnstrecken durchaus interessant, zumal auf den Strecken südlich von Rostock neben Fernreisezügen auch Güterzüge in der leicht hügeligen mecklenburgischen Agrarlandschaft unterwegs sind. In Warnemünde kommt es regelmäßig zu Begegnungen mit großen Kreuzfahrtschiffen, die hier anlegen.

AUF EINEN BLICK

Kursbuchstrecken 181, 182, 183
Anbieter DB
Fahrzeuge 143
Streckenlänge 91 km
Highlights Haltepunkt Warnemünde Werft mit Kreuzfahrtschiffen im Hintergrund

AUF EINEN BLICK

Kursbuchstrecke 184
Anbieter DB
Fahrzeuge 294, 628, 642
Streckenlänge 10 km

(ROSTOCK–) RÖVERSHAGEN–GRAAL-MÜRITZ

Die aufstrebenden Ostseebäder Graal und Müritz (damals noch getrennte Orte) litten gegen Ende des 19. Jahrhunderts unter unzureichenden Verkehrsanbindungen und waren lediglich über schlecht ausgebaute Straßen und Feldwege zu erreichen. Gefordert wurde daher eine Anbindung an das Eisenbahnnetz, die aber erst nach dem Ersten Weltkrieg zustande kam. Die Eisenbahnbau- und Betriebsgesellschaft Lenz & Co. baute eine 10,3 km lange Normalspurstrecke von Rövershagen (Hauptbahn Rostock–Stralsund) nach Graal-Müritz, die am 1. Juli 1925 ihren Betrieb aufnahm.

In den ersten Jahren verkehrten nur in den Sommermonaten Personenzüge, doch schon bald wurde der ganzjährige Betrieb aufgenommen. Zeitweise führten die Züge sogar Kurswagen aus Berlin und

Hamburg. Vom Rückbau durch die Sowjets blieb die 1949 verstaatlichte Nebenbahn nach dem Zweiten Weltkrieg verschont, allerdings wurde ab den 1960er-Jahren wiederholt ihre Stilllegung für den Personenverkehr erwogen. Doch dazu kam es aus verschiedenen Gründen nicht. 1999 wurde der Betrieb schließlich eingestellt, jedoch nach grundlegender Modernisierung und einer Verkürzung der Strecke um 600 m Ende des Jahres 2004 wieder aufgenommen.

Heute verkehren Regionalbahnen zwischen Rostock und Graal-Müritz im Stundentakt mit Triebwagen der Baureihe 642, gelegentlich auch 628. Im Güterverkehr wird lediglich noch ein Flüssiggashändler bei Rövershagen bedient, der über ein längeres Anschlussgleis an die weitgehend durch Waldgebiete führende Nebenbahn angeschlossen ist. Schöne Fotomotive findet der Eisenbahnfreund vor allem im Bereich der Bahnübergänge in den Waldgebieten. Um diese zu erreichen, sind teilweise längere Fußmärsche notwendig. Mit dem Auto dürfen die Waldwege nicht befahren werden.

Die Nebenbahn nach Graal-Müritz verläuft in weiten Teilen durch große Waldgebiete. Den Verkehr bewältigen DB-Triebwagen der Baureihe 642 vom Typ Desiro.

AUF EINEN BLICK

Kursbuchstrecke 185
Anbieter DB
Fahrzeuge 642
Streckenlänge 84 km

WISMAR–ROSTOCK–TESSIN

Nachdem Wismar 1848 einen Bahnanschluss erhalten hatte und Rostock zwei Jahre später ebenfalls auf der Schiene erreichbar war, entstand der Wunsch, beide Städte auf direktem Weg durch eine Eisenbahnlinie zu verbinden. Zu diesem Zweck wurde die Wismar-Rostocker Eisenbahn-Gesellschaft gegründet, die bis 1883 die 56 km lange Nebenbahn fertigstellen und in Betrieb nehmen konnte. 1890 wurde die Gesellschaft verstaatlicht und der Betrieb von der Großherzoglich Mecklenburgischen Friedrich-Franz-Eisenbahn (M.F.F.E.) übernommen.

Die Staatsbahn vervollständigte das Netz in den folgenden Jahren und erschloss unter anderem das östliche Umland von Rostock mit einer Nebenbahn über Sanitz nach Sülze und weiter über die preußische Grenze bis Tribsees. Diese Strecke wurde gleichzeitig mit einem Abzweig von Sanitz nach Tessin im November 1895 eröffnet. Nach 1945 wurde der Abschnitt von Sanitz nach Tribsees als Reparationsleistung an die Sowjetunion demontiert. Es verblieb der Personen- und Güterverkehr zwischen Rostock, Sanitz und Tessin.

Nach einer umfassenden Sanierung der Bahnanlagen bei gleichzeitiger Auflassung mehrerer Bahnhöfe wurde die zulässige Streckenhöchstgeschwindigkeit auf 80 km/h angehoben und zwischen Wismar und Tessin der Stundentakt eingeführt. Da im Verlauf der Strecke nur noch wenige Kreuzungsbahnhöfe vorhanden sind, stehen für Sonderzüge und Güterzüge derzeit keine freien Trassen zur Verfügung. Folglich ist der Zugverkehr ausschließlich mit Triebwagen der Baureihe 642 ein wenig eintönig.

Die landschaftlich abwechslungsreiche Strecke kann mit vielen Fotomotiven aufwarten. Die verbliebenen Bahnhofsanlagen sind modernisiert, doch befinden sich die Empfangsgebäude und Nebengebäude mit Ausnahme von Bad Doberan zumeist in einem schlechten Zustand. Die früheren Empfangsgebäude und einige Nebengebäude der Bahnhöfe Broderstorf, Teschendorf, Groß Lüsewitz, Sanitz und Tessin stehen unter Denkmalschutz.

Regionalbahn Tessin–Wismar im Mai 2013 westlich des Bahnhofs Hagebök. Im Hintergrund ist das frühere Empfangsgebäude zu erkennen.

BAD DOBERAN– OSTSEEBAD KÜHLUNGSBORN
MOLLI

Der „Molli" hat den Bahnhof Heiligendamm in Richtung Bad Doberan verlassen und passiert das Einfahrtsignal mit dem seltenen „Negativflügel".

Die 15,4 km lange Schmalspurbahn Bad Doberan–Kühlungsborn ist unter dem Namen „Molli" bekannt und wurde von dem bekannten Eisenbahnbau- und Betriebsunternehmen Lenz & Co aus Stettin errichtet und von der Doberan-Heiligendammer-Eisenbahn (DHE) betrieben. Durchgehend eröffnet wurde die 900-mm-Strecke am 12. Mai 1910.

Der Schwerpunkt des Bahnbetriebes war stets der Personenverkehr, der nach der Verstaatlichung am 1. April 1920 stark zunahm. In Spitzenzeiten verkehrten bis zu 13 Zugpaare am Tag. Der Güterverkehr hingegen stand stets im Schatten des Reisezugverkehrs und wurde Ende Mai 1969 eingestellt. Zum 1. Oktober 1995 übernahm eine Betreibergesellschaft, bestehend aus dem Landkreis Bad Doberan und den Städten Ostseebad Kühlungsborn und Bad Doberan,

Molli in Kühlungsborn West.

AUF EINEN BLICK

Kursbuchstrecke 186

Anbieter Mecklenburgische Bäderbahn Molli GmbH & Co KG

Fahrzeuge Dampflokomotiven BR 99[23]

Streckenlänge 15 km

Highlights Bahnhof in Heiligendamm mit mechanischer Sicherungstechnik, historische Bahnhöfe in Kühlungsborn Ost und Kühlungsborn West, täglich planmäßiger Dampfbetrieb

die Strecke von der Deutschen Bahn AG, um die Schmalspurbahn in eine gesicherte Zukunft zu führen. Das Unternehmen firmiert heute als Mecklenburgische Bäderbahn Molli GmbH mit Sitz in Bad Doberan.

Die nach wie vor gänzlich mit Dampflokomotiven betriebene Schmalspurbahn verbindet Bad Doberan mit dem Badeort Heiligendamm und dem Ostseebad Kühlungsborn. Besonders interessant ist die Streckenführung innerhalb von Bad Doberan. Dort liegt das Gleis im Pflaster der nach ihr benannten „Mollistraße“ und führt eng zwischen den Häusern hindurch. Außerhalb des Ortes folgt die Bahn zunächst einer prächtigen Lindenallee und erreicht nach wenigen Kilometern den Bahnhof Heiligendamm mit mechanischem Stellwerk, Einfahrtformsignalen und einer mechanischen Vollschranke. Im weiteren Verlauf zwischen Heiligendamm und Ostseebad Kühlungsborn führt die Strecke parallel zur Ostseeküste vorwiegend durch Ackerland. Sehenswert ist neben dem Bahnhof Kühlungsborn Ost der Endbahnhof Kühlungsborn West mit Lokeinsatzstelle und einem kleinen Museum. Die Strecke lässt sich sehr gut per Fahrrad erkunden, fast in gesamten Verlauf begleitet ein Radweg die Bahn.

Begegnung zwischen IC und Regionalbahn am 2. Mai 2013 im Bahnhof Ribnitz-Damgarten West.

ROSTOCK–STRALSUND–BERGEN AUF RÜGEN–SASSNITZ/OSTSEEBAD BINZ

Die zwischen Altefähr und Lietzow zweigleisige und durchgehend elektrifizierte Hauptbahn Rostock–Sassnitz besteht aus mehreren Teilstrecken mit jeweils eigener Entstehungsgeschichte. Nachdem 1863 die Angermünde–Stralsunder Eisenbahn ihren Betrieb aufgenommen hatte, war es nur folgerichtig, den Verkehr in Kombination mit einer Seefähre über Rügen hinaus nach Schweden weiterzuführen. Doch so schnell ließ sich das Vorhaben nicht in die Tat umsetzen, da hierfür eine Überquerung des Strelasunds per Trajekt oder Brücke erforderlich war. Erst 1891 erreichte die Bahn den zukünftigen Fährhafen Sassnitz, nachdem man sich aus Kostengründen für den Trajektverkehr entschieden hatte.

Die Eisenbahnlinie Rostock–Stralsund hingegen hatte den Zweck, zwei wichtige Hansestädte zu verbinden, wobei die Mecklenburgische Regierung zunächst eine Nebenbahn für ausreichend erachtete. Gebaut wurde die Strecke

AUF EINEN BLICK

Kursbuchstrecke 190

Anbieter DB, UBB

Fahrzeuge 101, 145, 152, 155, 185, 294, 298, 429, 642, GTW 2/6 der UBB, Loks div. EVU

Streckenlänge 124 km

Highlights Klappbrücke über den Strelasund, Fährhafen Mukran

IC in Richtung Rostock bei der Durchfahrt durch den Bahnhof Gelbensande.

schließlich von der KPEV als eingleisige Hauptbahn unter finanzieller Beteiligung des Staates Mecklenburg. Die Eröffnung für den Personen- und Güterverkehr erfolgte im Dezember 1884.

Die Strecke Lietzow–Ostseebad Binz entstand im Zusammenhang mit dem Bau des 1936 fertiggestellten Rügendamms, um die Ferienorte im Süden der Insel – allen voran das Ostseebad Binz – besser an das Eisenbahnnetz anschließen zu können. In Binz war im Rahmen der Organisation „Kraft durch Freude“ der Bau neuer Seebäder für 20.000 Menschen geplant. Daran erinnert noch heute der „Koloss von Prora“, eine gigantische Wohnanlage, die weitgehend leer steht. In Betrieb ging die neue Bahn im Mai 1939.

Die Strecke Rostock–Sassnitz wird von zahlreichen Reisezügen des Nah- und Fernverkehrs befahren, wobei der Schwerpunkt im Bereich Stralsund–Binz liegt. IC und ICE enden im Bahnhof Binz und sorgen für eine gute Anbindung der Insel Rügen an das übrige Bundesgebiet. Im Güterverkehr verbindet die Strecke die Güterbahnhöfe Rostock Seehafen und Sassnitz-Mukran auf Rügen. Hinzu kommt der An-

schlussverkehr des Düngemittelwerks in Poppendorf mit eigenem Werksbahnhof. Ansonsten besteht lediglich noch in Rövershagen regionaler Güterverkehr. Beliefert wird hier ein Anbieter für Flüssiggas.

Der Fährhafen Sassnitz-Mukran ist einer der wichtigsten Wirtschaftsstandorte in Mecklenburg-Vorpommern. Als östlichster Tiefwasserhafen Deutschlands hat er als Handels- und Transportknotenpunkt nach Skandinavien, Russland, in die GUS-Staaten und ins Baltikum große Bedeutung. Sassnitz-Mukran verfügt als einziger deutscher Seehafen über Gleise und Umschlaganlagen für die russische Breitspur.

Landschaftlich gesehen hat die Bahn viele Gesichter. Während sie westlich von Stralsund durch eine relativ ebene Region aus Ackerland und einzelnen Waldgebieten führt, ist der Streckenverlauf auf Rügen deutlich abwechslungsreicher. Die hügelige Topografie erzwang besonders im Bereich Samtes–Litzow einen bogenreichen Streckenverlauf. Interessant ist die Trassenführung besonders im Bereich des Jasmunder Boddens westlich von Lietzow.

AUF EINEN BLICK

Kursbuchstrecke 192

Anbieter DB-Tochter Usedomer Bäderbahn (UBB) GmbH

Fahrzeuge GTW 2/6

Streckenlänge 11 km

(STRALSUND–) VELGAST–BARTH
VORPOMMERNBAHN

Die elf Kilometer lange Strecke ist der Rest der sogenannten Darßbahn, die einst bis nach Prerow führte. Zwischen Barth und Bresewitz ist das Gleis noch vorhanden, doch ruht hier seit Jahren der Verkehr. Nördlich von Bresewitz verläuft auf der Trasse ein Radweg. Es bestehen Pläne, die Strecke wieder durchgehend für den Personenverkehr bis Prerow in Betrieb zu nehmen.

Die am 1. Dezember 1910 durchgehend eröffnete Strecke hatte vor allem für den Personenverkehr Bedeutung, der jeweils in den Sommermonaten während der Badesaison ein hohes Aufkommen erreichte. Nachdem die Strecke nach dem Zweiten Weltkrieg von den Sowjets nördlich von Barth im Rahmen von Reparationsleistungen demontiert worden war, erfolgte 1967 der Wiederaufbau des Abschnitts Barth–Bresewitz für die Nationale Volksarmee. Reger Personen- und Güterverkehr bestand indessen nach wie vor zwischen Velgast und Barth, so dass im Jahr 1991, kurz nach der Wiedervereinigung, dieser Abschnitt sogar elektrifiziert wurde. Den Fahrdraht hat man inzwischen jedoch wieder entfernt und die Strecke auf Dieselbetrieb mit zweistündigem Zugangebot in der Relation Stralsund–Barth umgestellt. Der Bahnhof Barth verlor vor einigen Jahren sämtliche Nebengleise und auch der Streckenabschnitt nach Bresewitz kann nicht mehr befahren werden.

Seit Dezember 2002 ist die Usedomer Bäderbahn mit Triebwagen vom Typ Stadler GTW 2/6 (DB-Baureihe 646) auf der von Ackerland und Wiesen gesäumten Nebenbahn aktiv. Schön wäre es, wenn baldmöglichst die Reaktivierung des Schienenverkehrs bis Prerow zustande käme und auch hier eine echte Alternative zum immer weiter ausufernden Autoverkehr geschaffen würde.

Durch die einsame Feldflur bei Saatel eilt die Usedomer Bäderbahn in Richtung Velgast. Dort erfolgt der Übergang auf die Hauptbahn nach Stralsund.

In flotter Fahrt eilt eine VT-Doppeleinheit der Usedomer Bäderbahn bei Buddenhagen in Richtung Insel. Dass dieser Streckenabschnitt noch vor einigen Jahren elektrisch betrieben wurde, ist nicht mehr erkennbar.

(STRALSUND–) ZÜSSOW–WOLGAST–HERINGSDORF–SWINOUJSCIE CENTRUM

USEDOMER BÄDERBAHN / VORPOMMERNBAHN

Mit Eröffnung der Hauptbahn Ducherow–Swinemünde war 1876 der erste Schritt zur Anbindung der Insel Usedom an das Eisenbahnnetz getan. 1894 wurde die Strecke bis Heringsdorf verlängert, bevor 1911 endlich die für die Erschließung der Insel dringend notwendige Nebenbahn Heringsdorf–Wolgaster Fähre ihren Betrieb aufnehmen konnte. Nach 1930 nahm der Bäderverkehr auf die Insel einen rasanten Aufschwung. Schnellzüge und Eilzüge brachten die Urlauber in kürzester Zeit zu den bekannten Seebädern Usedoms und machten die Insel zur „Badewanne Berlins“. Im April 1945 wurde das zusammenhängende Streckennetz durch die Sprengung der Karniner Eisenbahnhubbrücke unterbrochen, der Schienenverkehr auf Usedom wurde zu einem Inselbetrieb. Anstelle jedoch, wie nach der Wende zunächst geplant, die Bäderbahn einzustellen, erfolgte ab den 1990er-Jahren ein großzügiger Ausbau unter Einbeziehung der Strecke Züssow–Wolgast. Diese ist mit der inzwischen bis ins polnische Swinoujscie verlängerte Inselstrecke mitsamt der Zweiglinie Zinnowitz–Peenemünde über eine im Jahr 2000 in Betrieb genommene kombinierte Brücke für Straße und Schiene über den Peenestrom in Wolgast verbunden.

Den Betrieb führt die Usedomer Bäderbahn (UBB), eine Tochter der Deutschen Bahn, mit stündlich verkehrenden Triebwagen von Typ GTW 2/6 der Firma Stadler. In den Sommermonaten verkehren die Züge teilweise sogar alle halbe Stunde. Hinzu kommen an bestimmten Tagen durchgehende Intercity ab Köln über Berlin, die mit Diesellokomotiven der Baureihe

In Koserow finden regelmäßige Zugbegegnungen statt.

AUF EINEN BLICK

Kursbuchstrecke 193

Anbieter DB-Tochter Usedomer Bäderbahn (UBB) GmbH

Fahrzeuge Stadler GTW 2/6, 218, G 1206

Streckenlänge 109 km

Highlights Brücke über den Peenestrom in Wolgast, Kopfbahnhof Heringsdorf, alte Hubbrücke bei Karnin

218 bespannt sind, ebenso Regionalexpresszüge ab Berlin mit Triebwagen der Usedomer Bäderbahn. Die UBB leistet vor allem in den Sommermonaten einen wichtigen Beitrag zur Entlastung der Insel vom ohnehin viel zu dichten Autoverkehr. Seit 2004 besteht in Wolgast wieder eine öffentliche Ladestelle für den Güterverkehr, die gelegentlich für den Rohholzversand genutzt wird und auch anderen Interessenten zur Verfügung steht.

Die von der Bahn durchfahrende Landschaft ist ausgesprochen vielfältig. Neben landwirtschaftlich genutzten Regionen findet man viele Waldflächen mit im Süden der Insel teilweise auch leicht hügeligem Charakter. Kleine Flussläufe und Kanäle durchziehen das Land mit seinen beschaulichen Orten, und oft ist der Ostseestrand nicht weit. Ausgesprochen gelungen ist die Sanierung der nach der Wende vielfach stark vernachlässigten Bahnhöfe und Haltepunkte. Die Empfangsgebäude wurden inzwischen vorbildlich restauriert, Bahnsteige und Gleise erneuert. Wer hier fotografieren möchte, muss nach einem schönen Motiv nicht lange suchen.

ZINNOWITZ–PEENEMÜNDE
USEDOMER BÄDERBAHN / VORPOMMERNBAHN

Die Mitte der 1930er-Jahre gebaute ehemalige Werksbahn entstand im Zusammenhang mit dem Aufbau der Heeresversuchsanstalt Peenemünde und führte weitgehend durch militärisches Sperrgebiet. Neben dem Güterverkehr diente die im Juli 1937 eröffnete Strecke vorrangig der Beförderung von Militärangehörigen. 1941 wurde sie sogar elektrifiziert und mit modernen elektrischen Triebwagen betrieben. Auch nach dem Ende des Zweiten Weltkrieges blieb der Schienenverkehr erhalten. Anstelle elektrischer Triebwagen verkehrten nun allerdings wieder Dampflokomotiven, ab 1955 waren die Züge auch für die Benutzung durch Zivilpersonen zugelassen. Nach der Wende wurde die Bahn kaum noch genutzt, so dass eine baldige Stilllegung zu erwarten war. Doch dank neuer Konzepte unter Federführung der Use-

AUF EINEN BLICK

Kursbuchstrecke 194

Anbieter DB-Tochter Usedomer Bäderbahn (UBB) GmbH

Fahrzeuge GTW 2/6

Streckenlänge 12 km

Vieles erinnert entlang der Nebenbahn Zinnowitz–Peenemünde an die einstige militärische Bedeutung des Nordzipfels der Insel Usedom. Auf der alten Militär-Werkbahn verkehren heute moderne Triebwagen der UBB.

domer Bäderbahn blieb der Reisezugverkehr erhalten und wird heute mit modernen Triebwagen der Bauart GTW 2/6 der Fa. Stadler im Stundentakt durchgeführt.

Die weitgehend durch bewaldetes Gebiet führende Nebenbahn dient heute vor allem dem Ausflugsverkehr zum Historisch-Technischen Museum in Peenemünde, das einen Besuch lohnt. Dort ist unter anderem einer der während des Zweiten Weltkrieges hier eingesetzten elektrischen Triebwagen zu bewundern. Große Teil der Waldgebiete im Nordteil der Bahn dürfen nach wie vor nicht betreten werden. Die Hinterlassenschaften der jahrzehntelangen militärischen Nutzung des Usedomer Nordzipfels sind nach wie vor nicht beseitigt. Wer sich dennoch in diese Bereiche hinein wagt, begibt sich in Lebensgefahr.

Im Zweistundentakt verkehrt der Regio-Shuttle der Pressnitztalbahn zwischen Bergen und Lauterbach (nördlich Putbus, Mai 2013).

BERGEN AUF RÜGEN–PUTBUS–LAUTERBACH MOLE

Bis 1935, dem Jahr der Eröffnung des Rügendamms, war das Eisenbahnnetz auf der Insel Rügen vom übrigen Netz getrennt. Wichtigste Strecke auf der Insel war die regelspurige Verbindung Altefähr–Sassnitz, die bis 1890 eine Zweigstrecke von Bergen über Putbus nach Lauterbach (Rügen) erhielt. Seit Ende Mai 1999 ist der Abschnitt Putbus–Lauterbach Mole mit einer dritten Schiene versehen, so dass nun auch die Schmalspurzüge der Rügenschen Bäderbahn (RüBB) den südlichen Teil der Nebenbahn befahren können. Diese müssen jedoch mit jeweils einer Lokomotiven an beiden Zugenden verkehren, da in Lauterbach (Rügen) nach Auflassung des dortigen Bahnhofs keine Möglichkeit zum Umsetzten des Zuges mehr besteht.

Den Betrieb führt die Eisenbahn-Bau- und Betriebsgesellschaft Pressnitztalbahn mbH (PRESS) mit einem Triebwagen vom Typ „Regioshuttle RS1“ im Zweistundentakt durch. Während der Sommermonate wird der Fahrplan zwischen Putbus und Lauterbach Mole durch Dampfzüge der schmalspurigen Rügenschen Bäderbahn verdichtet.

Die Nebenbahn führt durch eine abwechslungsreiche Landschaft aus Ackerland und einigen Waldgebieten. Nördlich von Putbus erinnert eine alte Gewölbebrücke über dem Gleis an die im Dezember 1967 stillgelegte ehemalige Schmalspurbahn Altefähr–Putbus. In Lauterbach (Rügen) endet die Strecke unmittelbar am Hafen.

AUF EINEN BLICK

Kursbuchstrecke 198

Anbieter Eisenbahn-Bau- und Betriebsgesellschaft Pressnitztalbahn mbH

Fahrzeuge Regio-Shuttle RS1, Dampflokomotiven 9946, 9948, 9917 und Diesellok V 51 der RüBB

Streckenlänge 13 km

Highlight Bahnhof Putbus, Dreischienengleis Putbus-Lauterbach Mole

Der letzte Zug des Tages rollt am 2. Mai 2013 bei Beuchow seinem Ziel Putbus entgegen.

LAUTERBACH MOLE–PUTBUS–BINZ–SELLIN OST–BAABE–GÖHREN (RÜGEN)
RASENDER ROLAND

In den Jahren 1895 bis 1899 entstand auf der Insel Rügen ein fast 100 km langes Schmalspurnetz in einer Spurweite von 750 mm, das von der Rügensche Kleinbahnen Aktiengesellschaft (Rü.K.B.) betrieben wurde. Schon bald erwies sich die Strecke Putbus–Göhren (Rügen) als die wirtschaftlichste. Sie profitierte von Rügens Ostseebädern Baabe, Binz, Göhren und Sellin. Vor allem in den Sommermonaten nutzten

Scharen von Feriengästen die Kleinbahn. In den 1960er-Jahren legte die Deutsche Reichsbahn das 1949 enteignete Streckennetz schrittweise still, lediglich der Abschnitt Putbus–Göhren (Rügen) blieb aufgrund der großen Nachfrage im Personenverkehr bis auf weiteres in Betrieb. Schließlich sollte 1976 aber auch hier der letzte Zug fahren. Nur durch energische Proteste aus den Reihen der Eisenbahner und der Bevölkerung konnte ein Umdenken erreicht und die Bahn vor der Stilllegung bewahrt werden.

Heute führt die Eisenbahn-Bau- und Betriebsgesellschaft Pressnitztalbahn mbH den Betrieb, der nach wie vor hauptsächlich mit Dampflokomotiven abgewickelt wird. Die rund 24 km lange Strecke wurde in den vergangenen Jahren grundlegend saniert und befindet sich heute in einem technisch und optisch sehr guten Zustand. 1999 erhielt die Regelspurstrecke Bergen auf Rügen–Lauterbach (Rügen) südlich von Putbus eine dritte Schiene, so dass auf schmaler Spur nun auch der Lauterbacher Hafen erreicht werden kann. Der nachfragestärkste Abschnitt ist und bleibt Binz–Göhren (Rügen). Hier fahren die Züge im Stundentakt, während zwischen Binz und Lauterbach Mole nur alle zwei Stunden ein planmäßiger Zug in beiden Richtungen unterwegs ist.

Die Strecke zählt zu den schönsten in Mecklenburg. An Fotomöglichkeiten fehlt es nicht, sie lassen sich in Kombination mit einer Bahnfahrt bequem erwandern. Im westlichen Teil führt die Schmalspurbahn mit ihren gepflegten Bahnhöfen vorwiegend durch hügeliges Ackerland, während östlich von Binz teilweise ausgediente Waldgebiete durchfahren werden. Inzwischen wurden große Teile der Strecke wieder mit einer Telefonfreileitung in der klassischen Bauweise mit Isolatoren aus Porzellan versehen.

AUF EINEN BLICK

Kursbuchstrecke 199

Anbieter Eisenbahn-Bau- und Betriebsgesellschaft Pressnitztalbahn mbH

Fahrzeuge Dampflokomotiven 9946, 9948, 9917 und Diesellok V 51

Streckenlänge 24 km

Highlights Bahnhof Putbus mit Bw, Bahnhof Göhren, planmäßiger Betrieb mit Dampflokomotiven

MUSEUMSBAHNEN SCHWICHTENBERG–UHLENHORST

MECKLENBURG-POMMERSCHE SCHMALSPURBAHN (MPSB)

In Erinnerung an das einstmals über 250 Kilometer lange Netz der Mecklenburgisch-Pommerschen Schmalspurbahn (MPSB) hat sich der 1996 gegründete Verein „Freunde der MPSB e.V." zum Ziel gesetzt, ein kurzes Teilstück des früheren 600 mm-Schmalspurnetzes wieder aufzubauen und mit früheren Fahrzeugen der Kleinbahn als Museumseisenbahn zu betreiben. In den Jahren 1999 und 2000 wurden auf der alten Trasse zwischen dem kleinen Ort Schwichtenberg und dem völlig abgelegenen früheren Abzweigbahnhof Uhlenhorst auf einer Länge von gut anderthalb Kilometern wieder Schienen verlegt und der öffentliche Personenverkehr aufgenommen. Die Züge verkehren in der Sommersaison jeweils samstags und sonntags von 14 bis 17 Uhr (letzte Fahrt) jeweils zur vollen Stunde ab Bahnhof Schwichtenberg.

AUF EINEN BLICK

Anbieter MPSB-Freunde e.V., Schwichtenberg

Fahrzeuge Dampf- und Diesellokomotiven

Streckenlänge 1,6 km

Internet www.mpsb-online.de

REGISTER

Die Ziffern hinter den jeweiligen Orts-/Bahnhofsnamen bezeichnen die Nummern der betreffenden Kursbuchstrecken

Die Ziffern hinter den jeweiligen Orts-/Bahnhofsnamen bezeichnen die Nummern der betreffenden Kursbuchstrecken

Die Ziffern hinter den jeweiligen Orts-/Bahnhofsnamen bezeichnen die Nummern der betreffenden Kursbuchstrecken

DB BAHN

Liniennetzplan Nahverkehr **Niedersachsen/Bremen**

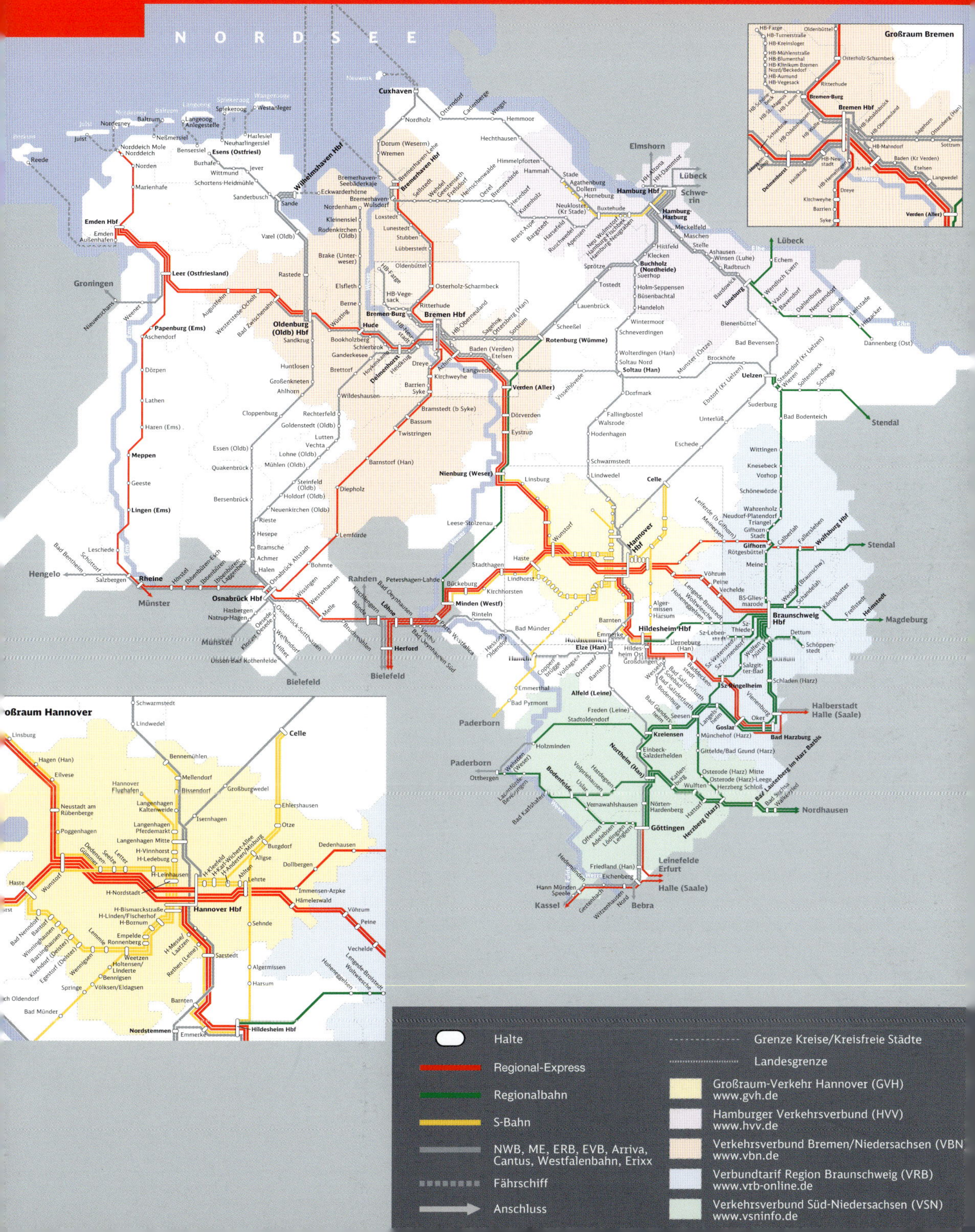

Impressum

Verantwortlich: Michael Dörflinger
Korrektorat: Thilo Kreier
Satz: BUCHFLINK Rüdiger Wagner, Nördlingen
Umschlaggestaltung: Jarzina Kommunikationsdesign, Holzkirchen
Repro: Cromika, Verona
Herstellung: Anna Katavic
Printed in Italy by Printer Trento

Alle Angaben dieses Werkes wurden von den Autoren sorgfältig recherchiert und auf den aktuellen Stand gebracht sowie vom Verlag geprüft. Für die Richtigkeit der Angaben kann jedoch keine Haftung übernommen werden. Für Hinweise und Anregungen sind wir jederzeit dankbar.
Bitte richten Sie diese an:

GeraMond Verlag
Lektorat Postfach 40 02 09
D-80702 München
E-Mail: lektorat@verlagshaus.de

Die Deutsche Nationalbibliothek verzeichnet diese Publikation in der Deutschen Nationalbibliografie; detaillierte bibliografische Daten sind im Internet über http://dnb.d-nb.de abrufbar.

ISBN 978-3-86245-163-0

Unser herzlicher Dank gilt allen Eisenbahnfreunden, die uns bei der Erstellung des Buches mit wertvollen Informationen und Bildern unterstützt haben.

Josef und Stefan Högemann

BILDNACHWEIS

Umschlagvorderseite:
Josef Högemann (links oben), Uwe Miethe (rechts oben), Jan-Geert Lukner (großes Bild)
Umschlagrückseite:
Felix Löffelholz

Beyer, Burkhard: 95
Buckow, Sascha: 8, 17, 18, 23, 27
Seebach, Frank: 6/6, 11
Werning, Malte: 96, 97

Alle übrigen Bilder stammen von den beiden Autoren